豆类蔬菜栽培与病虫害防治彩色图谱

主　编　殷建平　王淑君　冯素霞　吕　强　杨昌剑　韩文清

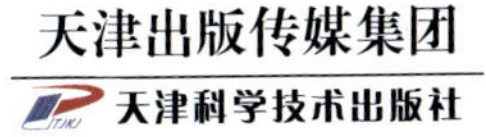

天津出版传媒集团
天津科学技术出版社

图书在版编目(CIP)数据

豆类蔬菜栽培与病虫害防治彩色图谱 / 殷建平等主编. -- 天津 : 天津科学技术出版社, 2024.4

ISBN 978-7-5742-1864-2

Ⅰ. ①豆… Ⅱ. ①殷… Ⅲ. ①豆类蔬菜—蔬菜园艺—图谱②豆类蔬菜—病虫害防治—图谱 Ⅳ. ① S643-64 ② S436.43-64

中国国家版本馆 CIP 数据核字（2024）第 057251 号

豆类蔬菜栽培与病虫害防治彩色图谱

DOULEI SHUCAI ZAIPEI YU BINGCHONGHAI FANGZHI CAISE TUPU

责任编辑:陶　雨

出　　版:天津出版传媒集团
　　　　　天津科学技术出版社

地　　址:天津市西康路 35 号

邮　　编:300051

电　　话:(022)23332372

网　　址:www.tjkjcbs.com.cn

发　　行:新华书店经销

印　　刷:唐山唐文印刷有限公司

开本 880 × 1230　1/32　印张 5.375　字数 150 000

2024 年 4 月第 1 版第 1 次印刷

定价:49.80 元

编委会名单

前　言

豆类蔬菜包括菜豆、豇豆、豌豆、扁豆、毛豆、荷兰豆、刀豆等，主要以嫩豆荚、嫩豆粒供人们食用，富含蛋白质、植物纤维、矿物质和维生素，是老百姓餐桌上的常见菜肴，深受老百姓的喜爱。豆类蔬菜繁殖力旺盛，生长周期短，耐寒性强，在我国北方农村广泛栽培。为了使豆类蔬菜的产量和质量得到进一步提高，我们特编写本书。

本书主要对菜豆、长豇豆、扁豆、豌豆、荷兰豆、刀豆、毛豆、四棱豆等豆类蔬菜的生物学特性、对环境的要求、品种、栽培季节和技术进行了详细的介绍，使读者不仅对这些豆类蔬菜的外形特性及种植环境有一个清晰的认识，还能够进一步掌握它们的种植技术。本书着重介绍了豆类蔬菜的常见病虫害及其防治方法，以期给读者朋友提供切实的病虫害防治指导。为了使内容呈现更加直观和生动，我们在书中配有插图，并针对豆类蔬菜的病虫害设有视频二维码，尽力使读者对豆类蔬菜病虫害的认识更加形象和直观。

在本书的编写上，我们力求内容上的简洁和逻辑性、语言上的通俗易懂、呈现上的生动形象。在本书的编写过程中，我们参考了大量相关研究资料，在此对其作者表达诚挚的谢意。由于时间紧迫，加之编者水平有限，书中难免存在一些疏漏之处，敬请广大读者朋友不吝指正。

编　者

目　　录

第一章　菜豆栽培技术

第一节　菜豆的生物学特点及对环境的要求

一、菜豆的生物学特点

（一）形态特征

菜豆根系发达，但再生能力差，主根不明显，侧根与主根粗细相当。根系主要密集于30厘米土层内，深达100厘米，横展半径可达80厘米以上，根瘤菌发生较晚，数量较少。

菜豆的茎分蔓生、半蔓生和矮生3种类型。茎具攀缘特性，生长期需要搭架。叶分子叶、基生叶、真叶3种。子叶肥大，是发芽的主要营养来源；基生叶为单叶，对生，心脏形；真叶为三出羽状复叶。

菜豆的花为总状花序，着生2~8朵花，花蝶形，龙骨瓣呈螺旋状，二体雄蕊，花梗发生于叶间或茎顶端。矮生种上部花序先开放，全株花期约20天；蔓生种自下而上渐次开放，全株花期约35天，同一花序基部花先开，渐至先端。菜豆的果实为荚果，荚长8~25厘米，成熟后果荚变硬。一般开花后15天左右可采收嫩荚，25天左右果荚完全成熟可留种。每个果荚内有种子6~12粒，种子无胚乳，子叶肥大，千粒重300~600克，最小仅100克，最大达800克，种子寿命2~3年。

图 1-1 菜豆

（二）生育周期

菜豆的整个生育周期可分为发芽期、幼苗期、抽蔓期和开花结果期。各时期有其生育特点和生长中心。

1. 发芽期

从种子萌动到基生叶展开为止，需 5~10 天。此期各器官生长所需要的营养主要由子叶贮藏养分供应，到基生叶展开，子叶的贮藏养分耗尽，所以发芽期又称营养转换期。管理上要保持适宜的温度和充足的水分，播种深浅适宜，使之迅速出土，并保护好子叶。

2. 幼苗期

从基生叶展开到抽蔓前为止，矮生种需 20~30 天，蔓生种需 20~25 天。此期根系开始木栓化，开始花芽分化和形成根瘤菌。基生叶对幼苗的生长有明显的影响，管理上要予以保护，促使真叶尽早出现，并促进根系迅速生长。

3. 抽蔓期

从抽蔓（4~6 片复叶）到现蕾开花为止（蔓生种），需 10~

15 天。此期茎蔓节间伸长，生长迅速，并孕育花蕾，养分大量消耗，根瘤菌固氮能力尚差。应加强肥水管理，但也要防止茎蔓徒长。

4. 开花结果期

从始花到结荚终止，矮生种需 25~30 天，蔓生种需 30~70 天。此期营养生长与生殖生长同时进行，全期始终存在营养生长与生殖生长对养分的竞争，要保证养分的充足供应，维持营养生长和生殖生长的平衡。

二、菜豆对环境条件的要求

1. 温度

菜豆性喜温暖的气候，不耐霜冻和低温。矮生种耐低温的能力强于蔓生种。生长适温为 15~20℃。不同生育期要求温度不同，发芽期适温为 25℃，高于 31℃或低于 8℃种子都不易于发芽。幼苗生长适温为 18~20℃，能耐短时期的 2~3℃的低温，0℃以下植株将遭受冻害，幼苗生长的临界地温为 13℃。花芽分化的适温为 20~25℃，开花结果适温为 18~25℃，低于 15℃或高于 30℃，都会影响结荚率和种子数。菜豆进行花芽分化还要求一定的有效积温，矮生种为 227℃，蔓生种为 230~238℃

2. 光照

菜豆对光照强度的要求比较严格，光照不足，生长不良，落花落荚严重。一般菜豆的光饱和点为 2 万~2.5 万勒克斯，光补偿点为 0.15 万勒克斯。菜豆对日照长短要求不严，春秋都可种植，但秋季的一些品种对短日照要求严格，引种时应特别注意。

3. 水分

菜豆根系多而强大，具有一定的耐旱能力，适宜的土壤湿度为田间持水量的 60%~80%。湿度过大，幼苗易徒长，叶片变黄甚至脱落，落花落果严重；湿度过小，植株生长发育受阻，开花结荚不良。开花结荚期为干旱临界期，要保证水分供应，防止落花落荚。

4. 土壤营养

菜豆适宜在土层深厚、土质肥沃、排水良好的微酸至中性土壤中生长，不耐盐碱。整个生育期需氮素最多，钾素次之，磷素最少，但不可忽视磷素的作用。缺磷时，植株生长不良，开花结荚减少，产量降低；磷素充足能促进早熟，延长结荚期。菜豆因根瘤菌的要求，对钼、硼等微量元素敏感，适当增施微量元素肥料可提高产量和品质。

第二节 菜豆的品种

一、矮生品种

矮生品种又称地芸豆。植株矮生直立，株高 50 厘米左右，花芽封顶，分枝性强，每个侧枝顶芽形成一个花序。生长期短，全生育期 75~90 天，果荚成熟集中，产量低，品质稍差。

图 1-2 地芸豆

1. 嫩荚菜豆

株高 35~40 厘米，分枝多，花浅紫色。荚呈圆棍形，先端稍弯，荚长 14~16 厘米，肉不易老化，品质好。种子粒大，肾形，米黄色，有褐色条纹，早熟，春播后 50 天采收嫩荚。每亩产量 1 500 千克左右。

2. 美国矮生菜豆

株高 40~50 厘米，分枝性较强。嫩荚浅绿色，圆棍形，荚长 13~15 厘米，品质好。种子紫红色，早熟，春播后 45~50 天收嫩荚。每亩产量 1 500 千克。

3. 意大利矮生玉豆

内蒙古开鲁县平乡新品种研究所 1990 年从意大利引进。植株矮生，株高 60 厘米，分枝能力强，每株可结荚 50 个左右。荚绿色，无筋，长约 13 厘米，单荚重约 22 克。荚肉厚，商品性好。种子呈肾形，乳白色。抗病性强，耐肥，耐旱涝，适应性广。极早熟，播种后 45 天即可采收嫩荚。行距 40 厘米，株（穴）距 33 厘米，每穴播 2 粒种子。苗期控制浇水，每亩产嫩荚 4 000 千克。

4. 矮生推广者

中国农业科学院蔬菜花卉研究所从国外引入。植株矮生，生长势较强，株高约 40 厘米。花浅紫色。嫩荚青豆绿色，圆棍形，直而光滑。荚长 14~16 厘米，宽、厚各 1 厘米，肉厚，纤维少，质脆嫩，品质好，耐贮运。北京地带一般 4 月中旬播种，行距 40~50 厘米，株（穴）距 30 厘米，每穴 3~4 粒种子。早熟，从播种到嫩荚收获约 60 天，每亩产嫩荚 1 200 千克。

二、蔓生品种

也叫架豆。顶芽为叶芽，主蔓高 200~300 厘米。初生节间短，4~6 节开始伸长。叶腋间伸出花序或枝，陆续结果。生长期长，全生育期 90～130 天，成熟晚，采收期长，产量高，品质好。

图 1-3　架豆

1. 芸丰 62-3

辽宁省大连市农科所培育，为河南省菜豆的主栽品种。株高 200～250 厘米，2～3 节着生第一花序，花白色。嫩荚淡绿色，老荚有断条状红晕，果荚呈镰刀形，长 20～25 厘米，单荚重 22～27 克。肉不易老化，品质好。种子褐色，千粒重 400 克。早熟，播后 60 天收嫩荚。可春秋两季种植，一般每亩产 2 500 千克。

2. 九粒白

河南省栽培较普遍。株高 200 厘米以上，4～5 节着生第一花序，花白色。嫩荚绿白色，老荚白色，表面光滑，果荚呈圆棍形，长 20～23 厘米，肉不易老化，品质好。一般每荚着生 9 粒种子，故名“九粒白”。中熟，耐热，抗病，再生能力强，可春秋栽培，一般每亩产 2 000 千克。

3. 丰收一号

从泰国引进，又名泰中豆、丰收白。植株蔓生，长势强，分枝多，叶片大。花白色，每花序结荚 5～6 个。嫩荚浅绿色，稍扁，荚面略带凹凸不平。荚长 21.8 厘米、宽 1.4 厘米、厚 0.8 厘米。种子乳白色，较小，百粒重 36.4 克。嫩荚肉较厚，不易老，品质好。抗病，较耐热。适于北京、山西、内蒙古等地种植。一般行距 50 厘米，株（穴）距 25～30 厘米，每穴 3～4 粒种子。早熟，播后 60 天左右采收，每亩产嫩荚 2 500～2 700 千克。亦适于设施栽培。

4. 老来少

山东省农家品种。植株蔓生，花白色稍带紫色，荚呈扁条形，中部稍弯，白绿色，荚长约 18 厘米，纤维少，品质好，荚鼓起来变白时炒食风味更佳。种子呈肾形，棕色，适合春、夏季栽培，早熟，播后 60 天可采收，每亩产嫩荚 1 500 千克。

第三节　菜豆的栽培季节和栽培制度

菜豆又叫四季豆、芸豆等，生长期短，容易种植，结荚时间长，是夏秋季节主要蔬菜之一。

菜豆性喜温暖，不耐霜冻。种子发芽适温为 20～25℃，8℃以下或 35℃以上发芽受阻。幼苗生长适温为 18～20℃，8℃以下时受冷害。开花结荚适温为 20～25℃，高于 27℃或低于 15℃容易出现不完全花，而导致落花落荚。菜豆属短日性蔬菜，但多数品种对日长短要求不严格，四季都能栽培，故有“四季豆”之称。南北各地均可相互引种。

一、露地栽培

一般露地栽培都要适期早播，可以春播，也可以秋播，但是以春季种植为主。春季播种的豆子一般在夏季收获。在终霜后，外界气温稳定在10～12℃时即可播种。华北可在4月中、下旬直播，西北、东北北部可在4月末至5月初播种，高寒地区还可夏播。如用保护地育苗，则提前15～30日播种。长江流域一般在2月下旬到3月上旬播种，直播的也可以推迟到4月。粒用菜豆大多在春季播种，播种期基本同菜用菜豆。

二、保护地栽培

保护地菜豆栽培多采用棚室栽培的方式，北方用的比南方更多。保护地栽培主要有三种方式。第一种是春早熟栽培，有地膜、中小棚、大棚、大棚多层覆盖等几种方式。播种期有差异，收获期也不同。华北一般3月中旬播种育苗，4月中旬定植。长江流域2月中旬播种育苗，3月中旬定植。如果采用地膜覆盖的栽培方式，长江流域一般在3月中旬时定植，在5月中上旬的时候就可以收获了。中小棚及大棚栽培较此稍早，3月上旬定植，4月中下旬开始采收。华北大棚多层覆盖（大棚+小拱棚+草帘、大棚+小拱棚+地膜+草帘）可提前在2月播种育苗，5月收获。第二种是秋延后栽培，直播时间控制在8月中下旬到9月上旬之间，10月中下旬以后扣大棚。第三种栽培方式是北方日光温室冬茬栽培，一般在9月上旬至10月下旬播种育苗，可供应元旦至春节需求。

三、栽培注意事项

菜豆忌连作，要和北豆科蔬菜实行轮作。露地蔓生品种可以和瓜类套种，然后在架下种植各种可以短期收割的菜种。矮生种可以和其他茎秆较矮的蔬菜间套。棚室栽种的可和黄瓜、番茄、菜椒间套。

第四节　菜豆的栽培技术

一、露地栽培技术

（一）春季露地栽培

1. 品种选择

春季露地栽培可选用架豆，也可选用矮生菜豆。矮生菜豆耐寒性稍强，可早播 3~5 天。不过，首选品种应以耐寒、早熟为目标，其次是抗病性、产量、品质等。

2. 播种期的确定

菜豆喜温，不耐冻，其生长季节应在无霜期内。适宜的播种期因品种特性和各地气候条件不同而异。掌握的原则是当地断霜前 5~7 天，或 10 厘米地温稳定在 10℃以上，这样，出苗时晚霜已经过去。采用地膜覆盖的可提前 1 周播种。

3. 整地、施肥、做畦

选用土层深厚、疏松肥沃、通气性良好的砂壤土，最好冬前进行深翻晒土，入春后耙地。另外，选择地块时切忌重茬，不能与豆类作物连作，前茬最好是大白菜、茄科作物或葱蒜类。

菜豆虽有根瘤菌，但仍需施入适量氮肥。菜豆对磷、钾肥反应敏感，增施磷肥可促进根瘤菌的活动。一般结合整地做畦，每亩施入有机肥 3 000~5 000 千克、过磷酸钙 50 千克、钾肥 30~40 千克或草木灰 40 千克。架豆一般做成 80~90 厘米的畦，栽 2 行；矮生菜豆做成 1.7 米的畦，栽 4 行。

4. 播种与育苗

菜豆一般采用干籽直播。但早春地温低，也可采用育苗移栽。

（1）种子处理：将种子在阳光下晒 1~2 天，为防止地下害虫为害，最好进行种子消毒。可用种子重量 0.3%的 1%福尔马林药液浸泡种子 20 分钟；或用种子重量 0.3%~0.5%的福美双可湿性粉剂拌种。但菜豆一般不提倡浸种，如播种后温度低、湿度大，则浸种易导致烂种。

（2）直播方法：播种前 2~3 天浇水润畦，待土壤稍干不黏时进行浅翻松土，整平畦面待播。播种多采用开沟点播的方法。架豆行距 50~65 厘米，先按行距开 35 厘米深的沟，再按 40~50 厘米的株（穴）距点播，每穴播 24 粒种子；矮生菜豆行距 40 厘米左右，株（穴）距 30 厘米左右，每穴播 35 粒种子，播种深度 5 厘米左右。播后覆土平畦，加盖地膜。微盖地膜者出苗后要立即破膜放苗，以免高温烫苗。

（3）育苗方法：为了保证苗全、苗壮，也可采用育苗移栽法。通常用塑料钵、纸钵或营养土方，在日光温室、大棚或小棚中育苗，可比直播提早成熟 7~10 天。营养土的配制一般为无病虫的园土 5 份，腐熟的堆、厩肥 4 份，过磷酸钙 0.5 份，草木灰 0.5 份。混匀后装入塑料钵或制成 68 厘米×68 厘米的营养土方。播种时先浇透底水，在每钵或每块土方的中央挖孔，播上种子，其上再覆 23 厘米厚的营养土。温度管理以白天 25℃左右，夜间 15~18℃为宜。整个苗期不需浇水施肥，苗龄 20 天左右即可定植。

5. 定植

育苗移栽的要及时定植，定植苗的株行距同直播的一样。一般进行穴栽，带土坨定植，深度以埋没土坨为宜。定植后浇少量定植水。

6. 田间管理

（1）中耕蹲苗：出齐苗后浇一次水，进行中耕松土，育苗移栽的在缓苗后中耕，随即进入蹲苗阶段。蹲苗期间进行 2~3

次中耕，直至矮生菜豆现蕾、架豆抽蔓之时结束蹲苗，浇一次大水。

（2）插架、引蔓：架豆在浇水后及时进行插架，架式可根据栽培方式和不同品种的生长习性采用编花架、人字架、篱架或四角架等。插好架后进行人工引蔓，以后任其自行缠绕。

（3）水分管理：菜豆对水分要求较为严格，水分不足，植株生长不良，影响产量和品质；水分过多，又使植株徒长，落花落荚严重。菜豆在水分管理上的总原则是前控后促，浇荚不浇花。开花前如过于干旱，可浇一次小水，以供开花之需要。一般当幼荚 2~3 厘米长时开始浇水，以后每 5~7 天浇一次，保持土壤湿润。进入高温季节，应勤浇、轻浇，并在早晚浇水和雨后压清水，以降低地表温度。

（4）施肥技术：菜豆在整个生育期中需氮、钾肥较多，磷肥较少，还需一定量的钙。一般结合浇水追肥 3~4 次。第一次在团棵后追施提苗肥，每亩追施人粪尿 1 000 千克；第二次在嫩荚坐住后追施催荚肥，每亩施尿素 10~15 千克或人粪尿素 300 千克、过磷酸钙 10 千克；以后在盛荚期再追肥 2 次，或人粪尿每亩 1 000 千克，或硫酸铵每亩 15~20 千克。

7. 适时采收

菜豆以嫩荚供食用，一般开花后 10~15 天即可采收。采收标准为荚果由细短变粗长、颜色变为白绿，豆粒稍显。矮生菜豆采收期相对集中，2~3 次可采收完毕，采收期仅 20~30 天；架豆陆续结荚、陆续采收，3~4 天采收一次，采收期可达 50~80 天。

（二）秋季露地栽培

秋季菜豆露地栽培的气候条件与春季有很大不同。温度由高温到低温直至出现霜冻，湿度由前期的潮湿多雨到后期的逐渐干旱，光照强度由强到弱，日照时间由长到短。根据以上特点，秋季露地菜豆在栽培管理上应把握好以下环节。

图 1-4 露地菜豆

1. 品种选择

应选择耐热、抗病的品种。要求结荚比较集中，坐荚率高。矮生品种一般选用冀芸 2 号、地豆王 1 号、美国供给者等；蔓生品种可选择丰收一号、老来少、青岛架豆、新秀 2 号等。

2. 播种期的确定

秋菜豆的播种期应根据初霜期的出现时间往前推算，架豆到初霜来临应有 100 天的生长时间，矮生菜豆需有 70 天以上的生长时间。所以北方地区的播种时间应在 7 月中旬至 8 月初。过早播种，开花结荚时正值炎夏高温，易引起落花落荚；播种过迟，气温下降，豆荚不易成熟，产量下降。

3. 适当密植

秋菜豆的生育期较短，长势也比较弱，因此株小，侧枝少，单株产量也较低，所以应加大密度。蔓生菜豆可采用行距 50~65 厘米，株距 30~40 厘米，每穴播 3~4 粒种子；矮生菜豆行距

35~40 厘米，株（穴）距 30 厘米左右，每穴播 4~5 粒种子。

4. 整地做畦

栽培地块在前茬拉秧后应马上深翻灭草，每亩施基肥 3 000 千克。做成 10~15 厘米的小高畦，便于排涝，畦的大小可与春播相同。

5. 播种

播种时应有足够的墒情，最好在雨后土不黏时播种或浇水润畦后播种。如播后遇雨，土稍干时就要及时松土。注意播种时不能过深，以不超过 5 厘米为宜，防止雨后因畦面板结影响幼苗出土，或播种穴积水造成烂种。

6. 中耕蹲苗

秋菜豆出苗后气温高，水分蒸发量大，应适当浇水保苗，所以蹲苗期相对较短。同时中耕要浅，以防土表层温度过高。中耕多在雨后进行，以划破土表、除掉杂草为目的。

7. 加强肥水管理

秋菜豆生长期短，应从苗期就加强肥水管理，力争在较短时间能长成较大的株型，提早开花结荚。一般第一真叶展开后要适当浇水、追肥，开花初期适当控制浇水，结荚之后开始增加浇水量。需要注意的是，雨季一方面要排水，另外还应浇井水以降低地温，因雨季的雨是“热雨”。随着气温逐渐下降，浇水量和浇水次数也相应减少。追肥可于坐荚后施化肥，每亩施磷钾复合肥 10 千克。

秋菜豆采收期较短，一般从 9 月中下旬到 10 月下旬，早霜来临前收获完毕。

（三）夏季露地栽培

1. 选择适宜的品种

夏季气温高、雨水多、日照时间长，因此应选择耐热、抗病、花期对日照长短要求不严的品种，如绿龙、九粒白、老来少、丰收一号、青岛架豆等。

2. 选择适宜的地块

宜选择地势高燥、排灌方便、土质疏松、富含有机质的砂壤土地块种植。结合深翻，每亩施圈肥 4 000 千克，过磷酸钙 50 千克，草木灰 100 千克或硫酸铵 15 千克。利用小高畦栽培，畦高 10～18 厘米，畦面宽 120～130 厘米，畦为南北向，畦长 6～8 米。

3. 适时播种，合理密植

麦收后即可播种，一般在 5 月底至 6 月上旬。播种前进行晒种和药剂拌种。夏菜豆苗期气温高，适当密植是获得高产的因素之一。一般行距 40～60 厘米，株距 20～30 厘米，每穴播种 3～5 粒，播种深度 3～4 厘米，每亩播种量为 2.54 千克。

4. 田间管理

菜豆齐苗后，浇 1 次水，及时中耕 1～2 次，并控制灌水。开始抽蔓时，即可搭“人”字形架。第一花序开花期一般不灌水，以防枝叶徒长而造成落花。夏季气温高，要小水勤浇，暴雨之后要“涝浇园”，防止落花落荚。第一次追肥在抽蔓后，可结合灌水，每亩施人粪尿 1 000 千克或 15 千克尿素，并追施磷钾复合肥 10 千克。第二次追肥在嫩豆荚坐住后进行。以后，每采收 1～2 次追肥 1 次。

5. 施用生长调节剂与叶面肥

开始抽蔓时，每亩叶面喷施助壮素 10 毫升，加水 50 千克，以防植株徒长。伸蔓期，可喷施浓度为 200 毫克/千克的增豆稳，每隔 10～15 天喷 1 次，连喷 3～4 次。

6. 及时采收

夏季气温高，豆荚发育较快，开花后约 10 天即可采收。

二、保护地栽培技术

（一）大棚菜豆春早熟栽培

1. 品种选择

大棚栽培由于空间大，所以一般选择蔓生品种，以延长供应期，获得优质高产。适宜的品种有老来少、丰收一号、双丰一号、新秀2号等。

2. 育苗方法

由于大棚在3月中、下旬才能栽种菜豆，所以一般先在日光温室或温床育苗，然后移栽到大棚，以达到早熟之目的。

（1）营养钵育苗：一般选用10厘米×10厘米的营养钵，内装营养土。营养土通常为园土50%、鸡粪堆肥50%，每立方米再加入过磷酸钙或钙镁磷肥3~4千克、复合肥3~4千克，拌匀装钵播种，然其放入苗床或电热温床上。

（2）两段育苗法：为节省用地，可先在苗床大密度播种，然后再移栽到营养钵或营养土中。播种床一般用电热温床，上铺10厘米厚河沙，浇透水后按6厘米×3厘米距离点播。播后温床平扣薄膜，并加盖草苫。当幼苗第一对单片真叶展开时移栽到营养钵或营养土方中。每钵栽3~4株。

3. 苗期管理

播种后25℃左右的温度，出苗后降到白天20℃左右，夜间15℃左右。第一真叶展开至定值前10天正值根系生长和花芽分化时期，应适当提高温度，达到白天20~25℃，夜间10~15℃。定植前5天降至5~10℃。营养钵育苗在土壤干燥时可适量浇水，两段育苗法在分苗时浇水之后也可不再浇水。特别是定植前7~10天不要浇水。早春育苗苗龄可适当大些，一般25~30天，利于早熟。菜豆壮苗的标准是初生叶和真叶大、叶色绿、节间和叶柄短。

4. 扣棚、整地、做畦

上茬作物拉秧后即进行深翻晒土。定植前半个月每亩施农家肥 5 000 千克、过磷酸钙 50 千克、硫酸铵 25 千克、饼肥 100 千克。深耕耙平后做成 1~1.2 米宽的小高畦，之后扣上薄膜进行烤地，准备定植。

5. 定植

华北、华东地区大棚栽培一般以 3 月中下旬为宜，10 厘米地温应稳定在 12℃以上。定植时先开沟灌水，待水渗下后栽苗；或先开沟栽苗后灌水。无论哪种栽法灌水量都不要过大，以湿透土坨为准，栽后上面覆盖干土。每畦栽两行，采用吊架时，行距 40~50 厘米，穴距 20~25 厘米，两畦间距 70~80 厘米；用竹竿插架时，行距 70~80 厘米，两畦间距 40~50 厘米。

6. 定植后的田间管理

（1）温度管理：缓苗前不通风、不浇水，保持温度在 25℃。如温度偏低，夜间可加盖或进行浮动覆盖。缓苗后开始通风，保持白天 20~25℃，夜间不低于 13℃即可。开花前保持白天 25℃，夜间不低于 10℃。结荚期白天 22~25℃，夜间 13~15℃。进入 5 月后，随外界气温增高，应逐渐加大通风量，夜间温度不低于 15℃时可昼夜通风。白天防止出现 27℃以上的高温，也可在适当时候撤掉棚膜，进行露地管理。

（2）中耕及肥水管理：早春温度低，定植后主要依靠中耕进行保墒，少浇或不浇水。一般定植 2~3 天即开始中耕培土，以提高地温。缓苗后浇一次缓苗水，闭棚 3~5 天，提高温度。之后进入蹲苗期，其间进行 2~3 次中耕。甩蔓时结束蹲苗，浇一次透水，并随水追施稀粪肥每亩 1 000 千克或硫酸铵 30 千克，几天后再浇一次水。进入开花期禁止浇水。当第一批幼荚坐住 5 厘米大小时再肥水齐放，促进幼荚伸长，这就是所谓的“浇荚不浇花”。以后每 7~10 天浇一次水，每次随水追施化肥 10 千克或粪稀 300 千克。前期可叶面喷施 0. 01%～0. 03%的钼酸铵，后期可叶面喷施 0. 2%～0. 5%尿素和磷酸二氢钾。

（3）其他管理：在甩蔓 30～50 厘米时及时插架或用塑料绳引蔓。生长后期应将下部老叶打掉，以利通风透光。一般从定植后 35～45 天开始收获，可一直采收到 6 月下旬或 8 月上旬。

（二）日光温室冬春茬菜豆栽培

1. 品种选择

日光温室也以架豆为首选，同时要求耐低温、耐阴、耐较高的空气湿度。常用品种有丰收一号、福三长丰、架豆王、一尺莲等。

图 1-5　温室菜豆

2. 适期播种

冬季温度比较低，菜豆生长较慢，从播种到收获的时间比较长。为了赶在春节上市，播种期应在 11 月中旬，到严冬来临，幼苗已长到一定大小，较为耐寒。

3. 整地、做畦及播种

（1）直播：如前茬在 11 月上旬收获完毕，则应立即深耕，将害虫、杂草翻入下层。然后增施有机肥每亩 5 000 千克以上、复合肥 50 千克，深耕混匀，做成 1. 2 米宽的高畦。将晾晒后的种子用1%福尔马林浸种10~15分钟，清水冲洗后播种。按行距60~80厘米，穴距20~25厘米播种，每穴2~3粒种子。播后覆土并覆地膜保温。

（2）育苗：前茬收获较晚时，先在其他地块或温室的边缘地角进行育苗，然后移栽。育苗及移栽方法参考大棚春早熟栽培。

4. 播后至采收前的管理

出苗前保持较高的温度，地温12℃以上，气温20~25℃。子叶展开后气温降至15~20℃，并及时划开地膜或揭开地膜，之后连续中耕2~3次。进入抽蔓期保持白天20~25℃，夜间13~15℃，超过25℃时及时通风降温。开花结荚期以白天20~22℃，夜间15~17℃为宜，当温度降到15℃以下时及时加盖草席保温。

苗期一般不浇水施肥，直至开花前仍需控制浇水。采用营养钵育苗时需浇1~2次小水。当苗有3片真叶、苗龄20~25天时及时移栽。浇缓苗水后中耕2次，蔓长30厘米时插架。

5. 采收期管理

第一批荚坐住后增加灌水量，保持土壤湿润，但应尽量在晴天中午浇水，利于恢复地温。整个生育期需浇水5~6次，追肥2~3次。温室环境下肥水不要过多，否则菜豆容易徒长、发病。注意及时采收嫩荚，促进下一批花的成荚率，也可延迟植株衰老。

第二章　长豇豆栽培技术

第一节　长豇豆的生物学特性及对环境的要求

一、长豇豆的生物学特性

长豇豆是豆科豇豆属的一年生草本植物。茎直立、半直立、匍匐或蔓生缠绕，三出复叶互生，叶柄长，无毛，基部有一对长1~1.8厘米的小托叶。主根比四季豆发达，耐旱、耐涝性较强，但肥沃、疏松的土壤对其根系生长依然十分重要。矮生种不像四季豆那样主蔓顶生花序、能结荚，而是更多地表现侧枝发达、顶芽萎缩。目前供采用的矮生品种极少，表现熟期晚、品质较差。蔓生种茎蔓上虽有倒刺毛，但由于生长快、茎间长，缠绕架杆能力弱，因此人工辅助缠绕更为重要。叶片具略带菱形的小梗，全缘或有不明显的角，基部呈阔楔形或圆形，顶端渐尖锐。叶面光滑无毛，叶长7~14厘米，具卵状披针形的小托叶。总状花序腋生，白色或淡紫色，龙骨瓣弓形或弯曲，先端钝圆或具喙，但不具螺旋状卷曲，雌蕊花柱细长呈线形，柱头倾斜，其下方有茸毛，花梗基部有三枚苞叶，萼片上无毛，有皱纹，裂片小，呈尖锐三角形。荚果呈长圆筒形，梢弯曲，顶端厚而钝，直立向上或下垂。长30厘米以下，成熟时为黄白、黄橙、浅红、褐色或紫色。种子呈肾形、椭圆形、圆柱形或球形。

图 2-1 长豇豆

二、长豇豆对环境的要求

长豇豆起源于温带、亚热带和热带地区，性喜温耐热，不耐低温与霜冻。

（1）光照：虽属短日照作物，品种间对光照反应有很大差别，南方品种与一些秋季品种更多属短日照类型，过早播种常引起只长秧、不开花，引种时应特别注意。豇豆喜强光照，良好的光照有利开花结荚。

（2）温度：种子萌发最低温度为 8～12℃，适温为 25℃，植株最适生长温度为 25～30℃，短时 35℃高温仍能结荚，但常会发生少籽、空籽荚现象。5℃以下生长缓慢。

（3）水分：虽根系强、耐旱又耐涝，但过多水分易引发根腐病与徒长，长时间干旱也会引起生长缓慢，对开花结荚不利。

（4）土壤：长豇豆对土壤的适应性比四季豆强，排水好、土质肥、土层深的砂壤土为最好。

第二节　长豇豆的优良品种

一、金领冠

金领冠是中熟品种，长势旺盛，这个品种在同类豇豆品种中的产量是数一数二的，亩产可以达到3 000千克左右，是一款经过多代选育，表现稳定，特抗病，耐高温、高湿的优秀品种。豆荚的颜色嫩绿，荚面光滑顺直，上下粗细均匀，不露籽，无鼠尾，品质出色，耐老化，耐储运，商品性好。

二、精益506

精益506是早中熟品种，具有产量好、长势旺、抗病性好、耐热、耐湿、适应性广等优点，温度合适的话，全国各个地区都可以种植。荚长通常为70~80厘米，颜色油亮翠绿，豆条顺直好看。

三、绿领红帅

绿领红帅是一款紫红色的长豇豆品种。植株蔓生，中早熟品种。豆荚长，一般长90~00厘米，简单易种植，产量还特别高，亩产可达4 000千克左右。最突出的特点就是其紫红色的豆荚颜色。此品种市场价格较高，有很高的经济效益。

四、一统豇山

一统豇山属于早中熟品种，生长势强。叶片小，豆角结得又长又厚，一般豆荚长75厘米，最长可以长到1米以上，豆角产量非常高，经济效益非常可观。这个品种主要是翠绿色的，比一般的老品种都要绿一些，因此看起来非常鲜嫩，商品价值非常高。

五、V902 豇豆

安徽省界首市农业科学研究所从美国地豇豆中系统选育而成。株高 60 厘米，分枝性强，单株分枝 7 个左右。坐荚率高，嫩荚黄白色，荚长 39 厘米左右，肉厚，纤维少，不易老化，品质佳，商品性好。早熟，全生育期 70 天左右。丰产，每公顷产嫩荚 30 000 千克以上。耐热，较抗病，采收期长。适于全国各地春、夏、秋季栽培及间作套种。行距 40~50 厘米，穴距 25~30 厘米，每穴 2~3 株，定植密度每公顷 75 000~90 000 穴。

六、天马三尺绿

河北省农业科学院蔬菜研究所与北京市天马蔬菜种子研究所共同繁育的品种。植株蔓生，结荚率高，荚长 95 厘米。种子呈肾形，种皮黑色或褐色有波纹，百粒重 16~20 克。极早熟，播后 30~40 天见荚，嫩荚伸长速度快。每公顷产嫩荚 30 000 千克以上。耐高温、干旱，抗病性强。适于华北地区种植，春、夏、秋季均可栽培。

第三节　长豇豆的栽培季节与栽培技术

一、长豇豆的栽培季节

长豇豆是豇豆的一个品种，一般会在春季、夏季或者秋季种植，生长季节长，必须根据各种季节的气候条件，选用适当的品种。一般分春季栽培和夏秋季栽培，春季栽培于 2 月下旬至 3 月下旬育苗或直播，3 月下旬至 4 月下旬定植，6 月上旬至 8 月中旬采收，7 月下旬至 8 月上旬采种，夏秋季栽培于 5 月中旬至 8 月初播种，7 月上旬至 10 月下旬采收。

南方和北方适合种植长豇豆的时间是有差别的，一般南方会在春季的3—4月种植长豇豆，只要气温合适就可以种植，而北方通常会在5—8月种植长豇豆。

二、长豇豆的栽培技术

（一）选择品种、适时播种

豇豆分为蔓生种和矮生种。蔓生种品种较多，豆荚的色泽、粗细、长短不一，选用的原则主要是高产、优质，但各地食用习惯不同，选用品种也不同。比如，东北地区喜欢豆荚细长、深绿色的“十八粒”“罗裙带”等；而南方不少地方喜欢肉质较厚的淡绿色豆荚，如“红嘴燕”。浙江农科院园艺所培育的“云豇28-2”新品种，各地试种表现很好，虽不是深绿色豆荚，但嫩荚细长、品质好、产量高。

豇豆在我国长江以南各地，春、夏、秋均可栽培，生长季节长，必须根据各种季节的气候条件，选用适当的品种，一般分春季栽培和夏秋季栽培。春季栽培于2月下旬至3月下旬育苗或直播，3月下旬至4月下旬定植，6月上旬至8月中旬采收，7月下旬至8月上旬采种；夏秋季栽培于5月中旬至8月初播种，7月上旬至10月下旬采收。

（二）育苗移栽、适当密植

豇豆栽培历史上均为直播，但多年生产实践证明，直播保苗不好，而且也不均，育苗移栽保苗好、生长齐、产量高，同时移栽到露地时间晚，豇豆定植前还可抢一茬早春叶菜。

豇豆易出芽，一般不需要浸种催芽，育苗的苗床底土宜紧实，以铺6厘米厚壤土最好，以防止主根深入土内，多发须根。移苗时根群损伤大，所以当苗有一对真叶时即可带土移栽，不宜大苗移植，有条件的可用营养钵或穴盘育苗，每钵两苗或三苗。

采用保温亩床或营养钵育苗，并对育苗设施进行消毒处理，避免幼苗带菌，第一复叶开展前移植，营养钵可延迟至具有2~3复叶时移植，定植选择晴天时进行。

直播时苗出齐或定植缓苗后每隔7~10天进行一次中耕，松土保墒，蹲苗促根，伸蔓后停止中耕。

选择地势较高、平整、排灌方便、土层深厚、肥沃的砂壤土地块，深沟高畦，畦宽120厘米包沟，每畦种2行，穴距25~30厘米，每穴2~3株，亩植10 000株左右，畦中开沟深施底肥，保持田间干燥、勿渍水、通风透光。亩施75千克复合肥（或农家肥2 000~2 500千克和复合肥25千克）。

（三）田间管理

豇豆植株生长旺盛，特别是在肥水充足时，很易徒长，而结荚不多，有的在生育后期出现早衰，所以，总的管理原则应该是前期控、后期促。

1. 土肥水管理

定植后松土，做到深、透、细，促进级苗和根系发育，垄作的松土后要培土。开花前要蹲苗，防止第一花序节位升高。第一花序嫩荚长到15厘米长时开始浇水，在这以前土不过干不浇水。豇豆前期不宜多施肥，以防止肥水过多而引起徒长，一般在活棵后浇一次粪水。现蕾开花和始收后则要加强肥水供应，一般追肥2~3次，每次每亩施人畜粪尿750~1 000千克，如因多雨不能浇粪时，可在行距中间穴施尿素5~10千克，秋季栽培的则一促到底。

苗期切勿偏施氮肥，以免造成植物徒长，叶片变大，通风透光性差，延缓结荚。开花结荚之前，对肥水要求不高。如果苗期肥水过多，则会造成蔓叶生长过于旺盛，开花结荚节位升高，花序数目减少，侧芽萌发，形成中下部空蔓，严重影响产量。

当植株开花结荚后，特别是采收第一批荚后，要增加肥水，每亩共施45%复合肥50千克及4千克尿素，8~10天施肥一次，促进翻花，延长采收，提高产量。追肥掌握前期薄施，开花结荚期浓施的原则。注意采第一批荚后，一定要施尿素，增加氮肥，对产量有较大影响

2. 植株管理

豇豆植株生长很快，当植株吐藤时，就要插架。用人字形架或X字形架，架高2~2.5米，距植株基部10~15厘米，每穴插一根，深15~20厘米，每两架相交，从中上部4/5的交叉处放上横竿并扎紧。引蔓上架一般在晴天中午或下午进行，不要在露水未干或雨天进行，避免蔓叶折断，引蔓要按逆时针方向进行。插材的高低对产量有直接的影响，过低则不通风，阳光照不到叶片，影响光合作用。架要插牢，绑结实架头，防止风吹倒架面减产。主蔓第一花序以下的侧枝全部打掉，越早打越好，最好做到抹芽，以免过多消耗养分。将第一花序以下的侧芽抹除，主蔓爬到架顶时打顶摘心，以促进侧枝花序开花结荚，同时防止枝蔓过密打团，造成通风不良而落花和虫害的发生。雨季注意排水防涝，采收中期及时打去下部老叶，有利通风透光。此外，从苗期开始就要注意病虫害的防治，尤其是蚜虫和螟虫。

3. 合理整枝

根据豇豆茎蔓和花序形成的特点，在生长期进行整枝。

(1) 基部抹芽。主蔓第一花序以下各节位的侧芽一律打掉，促进早开花。

(2) 蔓腰打杈 。第一花序以上各节位，多数既有花芽又有叶芽，花芽和叶芽的特征是：花芽肥大，苞叶皱缩粗糙，两芽并生，叶芽较小，火炬状，苞叶平展光滑。蹲苗期应及时将各混合节位上的幼小叶芽摘除，促进花芽生长，在侧枝长出的情况下，也可留一叶摘心，利用侧蔓第一节形成花序。

(3) 打群尖。中后期，主蔓中上部长出的侧枝，应及早摘心，若肥水条件充足，植株生长健壮，这些侧枝不要摘心过重，酌情利用侧蔓结果。

(4) 主蔓打顶。主蔓 2.2~2.3 米长时打顶，促进各花序上的副花芽形成，也方便采收豆荚。

(5) 疏叶。如肥水过足，植株营养生长过旺，通风不良时，可摘除过多的叶、枝、老叶、病叶。

以上整枝技术，是在密植基础上，主要靠主蔓结荚，增加主蔓的花序数及其结荚数，以达到丰产。

(四) 采收

豇豆一定要保持嫩荚上市，不要使豆类“路粒”（鼓粒）时采收。为此，一旦开始采收就应坚持每天摘一次，豇豆每个花序有 2~5 对花，采收时要轻掐，不要碰伤花枝。

第三章　扁豆栽培技术

第一节　扁豆的生物学特性及对环境的要求

一、扁豆的生物学特性

扁豆的根系发达，有很多侧根，分为三种类型：浅根系，根深约 15 厘米，侧根多，根瘤也较多；深根系，主根细长，入土深约 35 厘米；中间类型。扁豆根系吸收水分和养分的能力很强，与豇豆族根瘤菌共生形成球形根瘤。植株有细小茸毛或毛极少。茎柔软，浅绿色，有短蔓和长蔓两种。株高 15~70 厘米，分直立、丛生和半蔓生三种类型。互生羽状复叶，小叶多对生，极少互生，一般 4~7 对，卵形或线条形，浅绿或蓝绿色。花柱短而弯曲，柱头稍膨大，具腺体。自花授粉，荚有绿白、淡绿、青绿、深紫等色，每荚种子 3~7 粒。种子略扁，椭圆形，光滑，一侧边有半月形白色隆起的种阜；种皮有白、褐或黑色，种脐白色，窄椭圆形。种子百粒重 30~50 克，贮藏寿命 2~4 年。

图 3-1　扁豆

二、扁豆对环境条件的要求

扁豆喜温暖，较耐热，为短日照植物，有些品种对光照长短的反应为中性，故我国南北各地均能种植。种子在土壤温度5℃时开始发芽，18~21℃为最适发芽温度，可在炎夏生长，能耐35℃左右高温。生长发育适温为23~25℃，13℃以下停止生长，遇霜冻则枯死。

开花结荚最适温度为25~28℃，在35~40℃高温下，花粉发芽力下降，容易引起落花落荚。种子发芽适温为22~23℃。在温暖多湿条件下生长良好，枝叶繁茂。较耐旱、不抗涝，开花期以后稍干燥条件下结荚率高。扁豆较耐阴，根系发达，入土深，耐旱力强，对土壤种类要求不严，黏土、轻壤土、冲积土等均可种植，在土壤pH值为4.5~8.2范围内均能生长，但以保水保肥的腐殖质壤土最适宜，排水不良或重黏土地生长发育较差。扁豆忌连作，宜行2~3年的轮作，对前作作物要求不严，常与玉米、甘薯、油菜、黄麻、水稻等轮作。在温带地区一般作为一年生作物进行春播或夏播；在亚热带地区作为越年生作物于秋季播种。播种方式有撒播和条播。播种量为小粒品种每公顷35~70千克，大粒品种110~150千克，条播行距20~30厘米，播种深度4~5厘米。以有机肥和磷、钾肥为主，钾肥过多会增加硬实率。在贫瘠的土壤上，苗期施少量氮肥可促进幼苗发育，增强根瘤菌固氮能力。生长前期应注意中耕除草。成熟时易落荚和裂荚，有2/3荚成熟时即可收获。

第二节　扁豆的优良品种

扁豆按茎的特征可分为蔓生和矮生两类，我国普遍栽培的多数为蔓生种。矮生种早熟，但目前生产适用的优良品种较少。按荚的颜色分为白扁豆、青扁豆和紫扁豆3类。按花的颜色可分为红花扁豆与白花扁豆。

一、红面豆

广东省地方品种，已栽培 70 余年。植株蔓生，分枝性强。茎紫红色，小叶深绿色，叶脉及叶柄紫红色。花及花枝均为紫红色，每花序有 11~15 个花，结 3~5 个荚。荚紫红色，长 9 厘米，宽 2 厘米，稍弯曲。种子扁圆，黑褐色。晚熟。结荚期长，3 月至 4 月播种，9 月至翌年 4 月收获。

二、白花面豆

广东省地方品种，已有近百年的栽培历史。植株蔓生，分枝性强。茎青绿色，小叶呈卵圆形，绿色。花白色，每花序有 10~20 个花，结荚 3~7 个。荚宽 2 厘米，长 9 厘米，蜡白色，稍弯曲。种子呈扁圆形，褐色。早熟。3 月至 4 月份播种，9 月至翌年 4 月收获。

三、红花一号扁豆

极早熟，耐寒性强、抗热、抗病。植株生长势强，株高 3 米，主茎分枝少，生长习性与豇豆相似，直立缠绕，宜密栽培。始花节位 2~3 节，花紫红色，荚近半月形，平均单荚长 9 厘米，宽 3 厘米，重 8 克。丰产性好，保护地栽培可于 4 月上市，有两次盛果期，可采收至 11 月霜降止，亩产 2 000~3 000 千克，栽培效益远远高于普通扁豆品种，适合春季保护地、霜地栽培。适应性广，长江流域早熟栽培适播期为 2—4 月，可育苗移栽，也可干籽直播。覆盖地膜，每畦定植（或直播）2 行，株距 30~40 厘米，亩植 3 000 穴左右，每穴 2~3 株，亩用种量 2 千克。当主蔓长至 50 厘米时摘心，促发下部花序。花蕾成形后，每花序留 10 个大蕾掐尖，以利早熟大荚高产高价。

四、(红荚扁豆) 猪血扁

我国南方品种，在上海、武汉、合肥栽培多年。植株蔓生，生长势、分枝性强。叶绿色，茎、叶脉、叶柄均为紫红色，花紫红色。荚呈短刀形，紫红色，长 8~9 厘米，宽 2~2.5 厘米，每荚种子 4~5 粒。品质佳，质地脆嫩、味香。晚熟。抗逆性强。

五、肉扁 1 号

肉扁 1 号扁豆品种，一年种植，可以多次播种，在生长过程中，从基部开始就会结荚，一边生长，一边结荚。其肉质厚，鲜荚乳白色，纤维少，比一般的扁豆品种口感更佳。它可以露地种植，也能够棚室种植，产量都很高。

六、猪耳朵扁豆

河北省地方品种，北京、唐山、承德市郊区均有栽培。主蔓第 6~7 节着生第一花序，花冠紫色。嫩荚呈猪耳朵形，长 3.7 厘米，厚 0.5 厘米，单荚重 8~10 克。种子近圆形，种皮黑色，种脐白色。肉质嫩、味鲜美、品质佳。中熟，播种后 75 天左右采收嫩荚。耐热、耐寒、耐旱、抗病性强。每公顷产

图 3-2　猪耳朵扁豆

11 250 千克嫩荚。河北省北部于 4 月底播种，直播畦宽 1.35～1.40 米，每畦播 2 行，穴距 45～50 厘米。开穴施底肥，每穴播种子 3～4 粒。7 月中下旬采收，采收期可持续至 10 月底。

七、白扁豆

四川省成都市地方品种，栽培历史悠久。植株蔓生。叶柄、茎浅绿色，叶绿色。花白色，每花序 5～10 荚。嫩荚浅绿白色，荚长约 10 厘米，宽约 2.5 厘米，荚半月形，每荚有种子 3～5 粒。种子椭圆形，白色。较晚熟。3 月下旬至 4 月上旬播种，9 月上旬始收嫩荚，持续到 11 月末。

八、紫边扁豆（红边扁豆）

河北省地方品种。植株蔓生，蔓长 2.5 米以上。叶绿色，花紫色，荚浅绿有紫晕。边紫红色。荚长 12.1 厘米，宽 3.6 厘米，厚 0.4 厘米，单荚重 10.2 克，嫩荚纤维少，品质中上等。种子扁椭圆形，黑色。晚熟，从播种至采收嫩荚约 80 天。适应性强，抗病。每公顷产嫩荚 15 000 千克。多于 4 月中旬到 5 月中旬露地直播，行距 80～100 厘米，株距 50～60 厘米。播前施足基肥，中后期适当多浇水，并追肥 1～2 次，7 月上中旬开始采收嫩荚。

图 3-3 紫边扁豆

第三节　扁豆的栽培季节与栽培技术

一、扁豆的栽培季节

扁豆的栽培季节要根据气温情况和设施条件来确定。扁豆生长的最适温度是在22~28℃之间，华北地区一般在6月份播种，长江流域一般在5月份至7月份之间播种。

二、扁豆的栽培技术

（一）春夏露地栽培技术

1. 种植方式

多行晚春直播，或育苗移栽，不需要催芽。夏秋至早霜前陆续采收嫩荚。单作或与玉米间作，以玉米秸秆作支架，或与大蒜套作，也可种于田边地头。

2. 整地、施肥和作畦

田间种植，宜用平畦栽培，畦宽1.2米。扁豆对磷要求高，增施磷肥效果显著。因此，施用有机肥做基肥时，可同时将全部磷肥和40%的钾肥作基肥施入。一般播前每亩施农家肥5 000千克、过磷酸钙30千克，钾肥20千克，然后翻地、整平作平畦起垄。

3. 定植和田间管理

育苗移栽地温达12℃以上时可露地定植，一畦栽2行，穴距45~50厘米。缓苗后每穴留壮苗2株，直播采取开沟或穴播，播深5~7厘米，播后宜以草木灰覆盖。夏季栽培密度可加大一倍。

(1) 水肥的管理。苗期需水较少，要伸长后及结荚期需水较多。一般在蔓伸长期浇1~2水，花荚期在无雨情况下10天左右浇水。浇水后中耕除草，结合追肥，防止落花落荚和徒长。中耕宜浅，防止伤根，结荚前可施腐熟鸡粪等有机质肥料。结荚后追施少量化肥。

(2) 搭架引蔓。整枝抽蔓前要搭架，或抽蔓后及时用绳引蔓上树、上房。主蔓5~6片复叶时摘心，促使多发侧蔓，待侧蔓3~4片叶时再摘心，可提早开花结荚，但产量较低。一般若用篱架或人字架栽培，在茎蔓长到架顶时摘心，可促荚早熟。

(3) 防治病虫害。扁豆的病害较少，虫害主要有蚜虫和红蜘蛛，可用低毒性药剂喷洒，及早防治。

(二) 大棚多层覆盖扁豆无公害生产技术

采用大棚多层覆盖扁豆栽培技术，使扁豆从常规露地栽培9—11月采收嫩荚上市，提前至5月上中旬采收上市，采收期提早近4个月。而早期扁豆嫩荚十分畅销，可显著提高扁豆的产出效益。

1. 培育壮苗

(1) 选床施肥。选择地势高、排涝方便、保水保肥性能较好的非重茬田块作扁豆的育苗床地。在播前15~20天精心整地，并施足基肥。一般每3.5平方米施优质腐熟的人畜粪100~120千克、饼肥1.2~1.5千克、磷肥0.5千克，翻倒入土，达到无暗堡、土肥相融的要求。然后制成直径为7厘米的营养钵，同时用竹片和聚乙烯无滴膜架好4米宽的中棚。

(2) 苗床管理。选用苗期耐低温、生长速度快、结荚多而早、嫩荚纤维少、质脆味美、抗逆性强的优良品种，如红筋扁豆、德扁二号等。在当年12月上旬选晴好天气播种育苗，播种后在中棚中架小拱棚覆盖，保持小拱棚内温度在25℃左右。若超过此温，则要注意通风调节棚温，防止高温烧苗，或形成高脚苗。当室外温度降至6℃以下时，在小拱棚上覆盖草帘保温，草帘日揭夜盖，防止低温形成老僵苗。在移栽前15~20天进行搬钵蹲苗，当主蔓长出4~5片真叶时，要适时打顶整枝，促进子蔓的生长，一般每株保留3~4个健壮子蔓。

2. 合理施肥

（1）肥料用量及运筹。多层覆盖栽培的扁豆生育期长，开花结荚期长，需肥量也大，对养分配比的要求也高。一般每亩施纯氮20~25千克、五氧化二磷10~12千克、氧化钾18~20千克。有机肥与无机肥的比例为45：55，基肥与追肥比例为60：40，肥料运筹氮肥为一基三追分配比例为6：1：1.5：1.5；磷、钾肥为一基一追，分配比例为60：40。

（2）肥料施用及方法。根据扁豆的需肥特性，肥料施用原则为重基肥、轻追肥、多次补施钾肥，以满足其早生花序、早开花结荚的需要。基肥以有机肥为主，定植前每亩基施优质腐熟有机肥1 000~1 200千克，定植后追施苗肥，每亩施优质腐熟有机肥300~500千克、尿素2~3千克。当扁豆第一批嫩荚采收后，每亩施硫酸系列复合肥30~40千克或用尿素10~12千克、磷肥20~25千克、钾肥8~10千克，复配施入，以后每批采收后根据苗情补施尿素3~5千克，以促其多生花序、多开回头花，提高单位面积产量，长势旺盛的可减少用量和补施次数。基肥采用面施后耕耖整地的方法施入土壤，追肥在距根15~20厘米处开行条施或穴施。同时在花荚期每亩叶面喷施含硼、钼等微量元素叶面肥3~4次，每次用量100~120克，间隔时间为7~10天，以提高扁豆的品质。

3. 田间管理

（1）适时定植。为争取扁豆早上市，要适时定植，定植密度按行距 1.6 米，株距 0.5～0.8 米配置。在 2 月中旬定植的扁豆，采用 10 米宽的双层大棚，加小拱棚三层覆盖保温，温度较低时，夜间在小拱棚上覆盖草帘保温；在 3 月中旬移栽定植的扁豆，采用 4 米宽的中棚加小拱棚覆盖保温。扁豆定植后，小拱棚内温度保持在 20～30℃，但不能超过 35℃。

（2）整枝摘心。移栽定植后的扁豆子蔓长至 40～50 厘米时，要及时搭“人”字架引蔓上架，其架高控制在 1.5 米左右。多层覆盖栽培的扁豆，因其播种早、生育期长、枝叶易徒长，应及时打顶摘心，以促进花序发育、早开花、早结荚、早上市。结荚盛期及时整枝是延长采收期的重要技术措施。方法是扁豆定植后，子蔓长至 100～120 厘米时及时摘心，促使下部多生孙蔓侧芽，多开花多结荚。进入结荚盛期，剪去下部老枝老叶和荚少的侧枝，改善田间通风透光条件。特别是进入高温季节，更应坚持整枝摘心，以实现控制植株徒长、延长结荚时间、提高单位面积产量和产出效益。

（3）揭膜、调控水分。多层覆盖栽培的扁豆在春季要及时分次揭膜撤棚。长江中下游平原地区在 3 月下旬至 4 月上旬气温回升时揭小棚；山东等地应适当晚揭半个月左右，以防止倒春寒的危害。5 月上中旬第一批扁豆采收时揭中棚或双层大棚膜。由于水分对扁豆生长发育的影响较大，苗期水分供应不足其生长缓慢，早苗达不到早发的要求；开花结荚期若水分供应不足，则影响其开花结荚，从而影响产量和品质。因此在土壤墒情差，植株叶片中午萎缩时要注意补水，以保证扁豆的正常生长发育，提高产量和品质。撤棚后扁豆进入露地生长期，雨水频繁的月份应注意及时排涝。

4. 采收

第一批采收的扁豆的销路极好，在开花后 18～20 天，嫩荚内籽粒开始饱满时及时采收，既提高扁豆的经济效益，又能促进上层果荚生长发育。扁豆同一花序有多次开花的特性，故在采摘时注意不要损伤果序，争取多开回头花、多结荚，提高扁豆产量。采用多层覆盖技术种植的扁豆，一般可采收 3 ~ 4 批，每批采收间隔时间 30 ~ 35 天，每亩总产量为 3 000 千克左右，产值 6 000 元左右，比常规栽培的扁豆产量提高约 30%，产值增加近 1 倍。

第四章　豌豆栽培技术

第一节　豌豆的生物学特点及对环境的要求

一、豌豆的生物学特点

豌豆，又称蜜糖豆或蜜豆（圆身）、青豆或荷兰豆（扁身）。豌豆的根是典型的直根系，主根很长，能入土 1~1.5 米深，侧根一般在地表下 20 厘米，根瘤发达，在较贫瘠的土壤上能较好生长。茎近四方形，中空多汁，细软而质脆。主茎上一般发出 1~3 个分枝。其叶为偶数羽状复叶，有小叶 1~3 对，顶端 1~2 对小叶变成卷须，具有攀援性。托叶大而抱茎，叶表面无茸毛，但有蜡质或白粉。花冠白色、紫色或两者的中间类型，蝶形，花为单生或短总状花序，每个花序着生 1~3 朵花，结荚 1~2 个。自花授粉。豌豆的豆荚一般分软硬两种，硬豆荚的荚

图 4-1　豌豆

壁上有一层透明革质膜，不适于食用，故一般食用其豆粒。软荚可食用，其荚长而扁平，长6~15厘米不等，宽1.5~4厘米。食粒豌豆的荚较短、较窄或较宽，荚内一般有种子2~8粒。谢花后，最初是豆荚发育，种子不发育，8~10天后荚果停止伸长，种子开始发育。软荚豌豆的成熟种子一般皱缩。

二、豌豆对环境的要求

1. 温度

豌豆为半耐寒性作物，耐寒不耐热。生长适温为16±7℃，不同生育期对温度的要求不同。发芽开始温度为2~5℃，圆粒种低些，皱粒种高些。发芽适温为18~20℃，温度低时，发芽速度很慢，在室温为5℃左右时，发芽期长达1个多月。而在温度过高的条件下，豌豆的发芽率又很低。如在30℃时，发芽率在80%以下；在适温下，出苗快，只需4~6天，且出苗率高，在90%以上。

豌豆幼苗期适应温度的能力强，耐寒，能耐-6℃的低温。营养生长适温在12~16℃之间。苗期适度低温，可以促进花芽分化；温度高，可以使花芽的分化节位提高。开花适温为15~18℃，荚果成熟适温为18~20℃。温度过低过高对花、荚都不利。花、荚都不耐低温，轻微冰冻即受害。温度过低，开花数减少；温度过高（25℃以上），生长发育不良，受精率低，影响产量。

2. 光照

豌豆品种大多数为长日照品种。日照时间较长且温度不足时，花芽的分化节位较低，分枝数增多；长日照高温下，分枝节位高。延长日照能提早开花，缩短日照则延迟开花，故多数品种的生育期在北方比南方短，南方品种北移多提早开花结荚。豌豆是喜光蔬菜，特别是在结荚时期的光照要求更高，所以要尽可能避免田间杂草的遮蔽，提高开花结荚率。

3. 水分

豌豆苗期稍能耐旱，生育期中要有较湿润的空气湿度和土壤湿度，但不耐过湿。若土壤渍水，则易烂种、烂根。空气湿度过大则易染病（如白粉病）。开花结荚期需水量大，如遇干旱，要及时浇水，否则豌豆荚提早成熟，对其产量和品质都会产生影响。

4. 土壤营养

豌豆对土壤要求不严，适应性强，耐碱不耐酸，忌连作。豌豆籽粒含蛋白质多，生长期中需较多的氮素。虽有根瘤菌固氮，但最多也只能基本提供生长中后期的一般需求。为了维持植株的正常生长发育，磷肥是必须施用的。钾元素具有增强植株固氮能力和抗逆性的作用，所以也是不能缺少的。据试验，氮、磷、钾三要素的吸收比约为3.4∶1∶3.2。其中氮素从出苗至开花的吸收量约占其吸收总量的40%，始花至终花约占59%，终花至完熟约占1%；磷各期的吸收量分别为总量的30%、36%、34%；钾各期的吸收量分别为总量的60%、23%、17%。由此可见，施用微量元素对植株的生长具有十分重要的作用。

第二节　豌豆的品种

一、食嫩荚品种

1. 甜脆软荚豌

甜脆软荚豌从美国引入，植株蔓生，分枝较多，约为5个。豆荚质地肥厚，适合食用，外形绿色，百荚重约410克。种子绿色，皱粒，百粒重约18克。

2. 甜脆豌豆

甜脆豌豆是由我国蔬菜研究所从国外品种选育而成的早熟

品种，植株矮生，株高约42厘米，分枝数少，为1~2个。嫩荚淡绿色，圆棍形，长7~8厘米、宽厚各约1.2厘米，百荚重600~700克。种子为短柱形，百粒重约20克。

3. 食荚甜脆豌一号

食荚甜脆豌一号是由四川省农科院作物所选育的早熟豌豆品种，株高70~75厘米。豆荚可以食用，颜色翠绿，长约8厘米，豆荚重约750克，鲜豆粒圆形，百粒重约53克，干豆粒扁圆、绿色，百粒重约30克。

二、食嫩粒品种

1. 中豌4号

中豌4号是由我国农业科学院选育的嫩豆荚类型，植株矮生，分枝少，株高约55厘米，有限生长。嫩豆粒浅绿色，百粒鲜重约41克；干豆粒黄白色，圆形，百粒重约17克。粮菜兼用，品质中上。

2. 中豌6号

中豌6号是我国农业科学院选育的早熟豌豆品种，植株矮生，株高40~50厘米，分枝较少。嫩豆粒浅绿色，百粒鲜重约52克；干豆粒浅绿色，百粒重约25克。粮菜兼用，品质较好。

3. 甜豌豆75-1

甜豌豆75-1是一种从美国引进的豌豆早熟种，植株呈半直立状，高60~70厘米，豆粒嫩时呈绿色，百粒鲜重约50克。抗逆性强，但不耐涝，品质好。

4. 团结豌2号

团结豌2号是由四川省农科院作物所选育的较早熟品种，株型紧凑，蔓长约1米，籽粒圆形，粮菜兼用。适应性强，耐旱、耐捂。豆粒圆形，白色，百粒重约30克。

第三节　豌豆的栽培季节

一、栽培季节

豌豆喜温和气候，幼苗耐寒力较强并可适应较高温度，但结荚期又不耐炎热干旱，所以露地栽培的时候要合理安排时间，把豌豆的开花结荚期安排在温度适宜的季节，保证高产稳产。华北地区的中北部冬季寒冷，多在早春播种，夏季收获。东北和西北地区只能在春夏 4~5 月份播种，夏秋收获。在长江流域多地流行越冬种植，秋播秋收，10 月下旬至 11 月初播种，也可在早春 2 月下旬至 3 月初播种。由于豌豆对日照长短要求不严格，只要选择适宜的品种，在长江流域地区也可进行春季及秋季种植。在华南地区是 9~11 月分期播种，当年冬季和次年春季分期采收。

二、栽培制度

豌豆忌连作，否则减产严重。减产的主要原因在于：一是豌豆植株的根系可以分泌出一种带毒物质，对连作后茬豌豆造成毒害；二是由于根系分泌的有机酸在连作中不断积累，降低根系的生理功能和影响根瘤菌活动；三是连作加重病虫为害；四是由于豌豆根系深，吸收的磷肥和钾肥的量大，多年连作对土壤中营养物质消耗太多，导致土壤贫瘠，难以满足后代豌豆生长的需要。因此，豌豆一般要与其他作物轮作 4~5 年。白花品种比紫花品种更忌连作，其轮作年限需要更长。豌豆有根瘤菌，能固氮肥田，所以它是许多作物的良好前茬，其后作一般是水稻、麦类、玉米、甘薯、棉花等对氮肥需求较大的作物。河南和陕西等冬播地区多栽培高粱、玉米、谷子棉花等作物的早熟品种为前作。西北、华北、西藏等春播区前作也多是谷类。

轮作不仅可以减轻豌豆的病虫危害程度，有利于提高产量和品质，而且由于豌豆固氮对后作生长有利，对提高豌豆产量也具有积极的影响。

（1）混作。我国部分春播地区有麦类和豌豆混播的习惯，冬播区一般较少采用混作，栽培要选用茎秆粗壮不易倒伏的小麦品种，豌豆由于得到小麦的支撑，分枝数、单株荚数及单荚重等都比单作有增加。而豌豆根瘤固定的氮素则能部分供给麦类生长。豆麦混播的面积比以 3∶7 为佳，也可以豆麦同穴播种，每穴一般播种豌豆种子 3~6 粒。

（2）间作。豌豆很适宜与玉米、高粱或棉花等作物进行间作，以利用这些作物的秸秆爬蔓生长。例如，在与棉花间作的时候，可以按照 1.3 米的宽度画线，分别做成宽度为 40 厘米和 90 厘米的菜畦。大畦内种 2 行棉花，小畦内种 2 行豌豆。豌豆与茄果类和瓜类等高秧蔬菜间作，可改善蔬菜行间的光照条件，有利于开花结果。也可在甘蓝类、洋葱或大蒜等蔬菜的畦上点种豌豆。

（3）复种。我国冬季作物种类较少，在玉米、水稻、棉花等作物收获后，空留出了很多闲置土地，而我国冬作物只有小麦、油菜、豌豆、蚕豆等少数几种，豌豆就是一种良好的“填闲”作物。

第四节　豌豆的栽培技术

一、露地栽培技术

（一）整地施基肥

豌豆根系分布较深，主根发育早而快，故应深耕，要求做到精细，施足基肥，及早供应养分，通常翻耕 20~25 厘米，每亩施用氯化钾 10 千克、过磷酸钙 30 千克、腐熟的农家肥 1 000~

1 500 千克，或每亩施复合肥 30~40 千克，沟施或穴施均可，肥料少的可作种肥（播种时施下）。畦的宽度、高度根据雨情、地势、地下水位而定。各地施肥情况不一，土壤、品种、地势（平原或丘陵）、栽培目的、栽培条件、季节等因素不同，作物对肥料的需求就不同。如浙江种中豌 4 号，一般每亩施栏粪 2 000 千克作基肥，或复合肥 30 千克作种肥；中豌 6 号一般每亩施磷肥 25 千克加人畜肥 1 000 千克，或复合肥 40 千克，山区则每亩施复合肥 50~70 千克。

（二）播种

（1）选种。播种前要对种子进行选择，选用籽粒大、整齐度好、无病虫害、无损伤的种子播种。

（2）种子处理。①低温处理。豌豆播种前进行种子低温春化处理，可促进花芽分化，降低花序着生节位，提早开花。方法是：播前先浸种，浸 2 小时后翻动 1 次，待种子发胀取出，每隔 2 小时浇水 1 次，约 20 小时后种子萌动，有胚芽露出，这时把它放置在 0~2℃的低温环境下静置 10 天，然后播种。②根瘤菌拌种。豌豆经根瘤菌拌种后，根瘤多，呈粉红色，茎叶生长好，结荚多。

（3）播种密度。菜用豌豆可以适当密植，通过单位面积内株数的增加来提高总产量。机械播种一般采用多行条播的方法，一般行距 20~35 厘米，在播幅内按株距 10~15 厘米播种，每亩 1 万~3 万株。植株大的行株距大一些，每亩 1 万~1.5 万株；植株小的行株距小些，每亩 2 万~3 万株。手工播种的保持行穴距（35~50）厘米×（25~30）厘米。穴播的，每亩播种 4 000~8000 穴。以后每穴留株 3~4 株，每亩 1.2 万~2.4 万株。植株大的，每亩 1.2 万~1.6 万株；植株小的，每亩 1.8 万~2.4 万株。也可用宽窄行播种，宽行 60~70 厘米，窄行 30~35 厘米，穴（丛）距 20~25 厘米。

（4）用种量。豌豆播种的用种量受播种方式、栽培密度、种子大小等因素的影响。条播栽培时，小粒种子一般每亩 8~10 千克、中粒种子每亩 10~12 千克、大粒种子每亩 12~15 千克。穴播的，小粒种子每亩 3~4 千克、中粒种子 4~5 千克、大粒种子 5~7 千克。

（5）播种方法。豌豆可以条播，也可以穴播，具体视情况而定。条播可以按照预定的行距挖浅播种沟，按照通常的株距点播。每点播种子 2~3 粒；穴播的按预定行穴距作浅穴，每穴播种子 4~5 粒，分散撒开。播后覆土约 3 厘米。

（三）管理

（1）匀苗定苗。匀苗和定苗要适期进行，穴播的一般每穴留苗 3~4 株，条播的一般留苗 1 株，如果播种的是株型较小的早熟品种，也可以留 2 株。

（2）中耕除草。植株未封行前，必须清除田间杂草。一般中耕 2~3 次，疏松土壤，以利根系和根瘤菌的生长。结合中耕，进行小培土。

图 4-2　豌豆中耕除草

（3）肥水调理。豌豆种植前期如果已经施用了足够的基肥，就不需要再大填追肥。但是如果栽培的是菜用豌豆，种得较密，又分多次采收，开花结荚期也长，那么，也应根据植株生长情况，进行 2~3 次追肥。长江流域秋播的，一般在苗期、寒冬来临前、开春旺盛生长时进行，分别施三元复合肥每亩 7.5、10、15 千克。如改施农家肥，就要同时施用一些磷、钾等微量肥料。某些地区经过长期栽培，总结出了一些地方经验，值得借鉴。浙江兰溪在 3~6 叶期，每亩用草木灰 100 千克撒施在豆苗上保温越冬。始花期每亩追施尿素 10 千克，以满足开花结荚需要，盛花期根外追肥，提高结荚率，促进籽粒饱满。义乌地区一般在秧苗长出之后和开花初期每亩施用复合肥 7.5 千克，尿素 5 千克，并注意磷、钾及微肥的配施。福建厦门巧施苗肥、花荚肥，苗期每亩施人粪尿 1 000 千克，或尿素 10 千克；封行搭架前每亩施复合肥 25~30 千克采收时期施用氮肥和硼肥，防止植株提前衰老，促进豆荚生长。微量元素，如钼、硼对豌豆的增产作用显著，可在开花结荚期，根外喷施 0.2%的硼酸液、0.05%的钼酸铵液 1~2 次；如能同时增加 0.2%尿素液、0.4%磷酸二氢钾液则更好。如果播种时天气干旱，就要浇水 1 次，保证按时出苗。苗期一般不再灌溉，直到始花出现的时候开始浇水，防止干旱危害。灌水 2~3 次后，即可采收嫩荚。

（4）搭架。蔓生的需及时搭架，并捆蔓，促使通风透光好，以利结荚。矮生种生长茂盛时，可搭简易栏架，以防倒伏。

（5）病虫害防治。豌豆通常会受到根腐病、菌核病、褐斑病、白粉病、锈病和潜叶蝇、小地老虎、线虫、蚜虫等病虫害的侵扰，其主要的防治方法参见病虫害防治章节。

二、塑料大棚早熟栽培

（一）育苗

菜豌豆多选用蔓生或半蔓生品种，如晋软 1 号、蜜珠、台湾 11 号等。育苗时间在 1 月上中旬，采用营养钵或营养土方育苗。播种时将营养钵或营养土方置于苗床排列整齐，浇透底水，在中间挖 3~4 个深度约 4 厘米的播种穴，每个穴内播种 1 粒种子，然后装满营养土。为了保温保墒，促进出苗，播种后的苗床上再覆盖塑料薄膜。播种后正处于最寒冷的季节，要注意防寒保温，10~18℃最适于出苗。出苗后，适当降温，保持白天10℃左右。

当秧苗长到2片真叶的时候，可以适当提高育苗温度，促进秧苗生长，白天的温度保持在10~15℃之间，夜间5℃以上。定植前1星期再次降温炼苗，夜间不低于2℃，使幼苗定植后适应大棚环境，利于缓苗。育苗期间一般不浇水，也不用间苗、中耕。对于个别干旱的苗或小苗可补充一些水分。为了方便起坨，在定植前1~2天可以浇水1次。

（二）定植

早春播种栽培，在2月初，定植前20天左右的时候就要开始扣棚，烤地增温。当土壤全部解冻后浅翻1次，并随翻耕随施肥，每亩施有机肥2 500千克、过磷酸钙30千克、草木灰50千克、硝酸铵15千克。将肥料与土壤充分混匀后，耙平整细做畦。菜豌豆比较耐寒，在大棚最低气温高于4℃的时候就可以定植了。定植的时间可以选在晴朗无风的中午，可以先按照规定的行距开沟灌水，再按株距放苗，水渗下后封沟。也可开沟后先放苗，覆土后灌明水。早春温度低，灌水不要太大，按穴浇水也可。为提高棚温，定植后可加盖小拱棚或二层保温幕。

（三）后期管理

为了促使秧苗尽快缓苗，定植之后一般要封闭大棚，不再通风换气。当大棚温度过高，超过25℃的时候，在中午可短时间放风适当降温。缓苗后，逐渐加大通风，使棚内温度保持在白天15~22℃，夜间10~15℃。如底水充足，定植后到现蕾前一般不需浇水施肥；如比较干旱，可浇1次小水。

缓苗之后可以适当蹲苗，直到植株开始现蕾。这个时期可以中耕培土2~3次，之后可以随水施肥，肥料多为稀粪水、饼肥等有机肥，以供开花坐荚，并于浇水后及时插架引技。开花期应控制浇水，以免落花，待到初花结荚后开始浇水施肥，促进荚果肥大。之后每半个月浇水施肥 1 次，与春季露地栽培相比，春季大棚栽培用水量更少，但是需肥更多。肥料最好稀粪水、饼肥与化肥交替使用。进入结荚期，气温逐渐升高，要注意通风换气，白天保持在 15～20℃，夜间 12～15℃，温度过高反而影响开花坐荚，而且易使植株过早衰老。当白天外界温度高于 15℃的时候就可以放底风了；当晚上的最低气温高于 15℃的时候，就可以昼夜连续放风。气温再高时，可去掉四周薄膜，但不可撤掉顶棚，以免使菜豌豆植株迅速衰老，豆荚品质下降。

第五章　荷兰豆的栽培技术

第一节　荷兰豆的生物学特点及对环境的要求

一、荷兰豆的生物学特点

荷兰豆属软荚豌豆，俗称食荚菜豌豆，是豆科豌豆属一年生或越冬草本植物。原产于欧洲南部、地中海沿岸及亚洲中西部，其种荚内果皮的厚膜组织发生迟，纤维很少，嫩荚可食，甜脆可口，主要采收嫩豆荚，成熟时荚果不开裂。

图 5–1　荷兰豆

荷兰豆是一年生或两年生草本植物。直根系，侧根少，主要分布在 20 厘米土层内。茎矮生或蔓生，中空易折断。分枝性强，偶数羽状复叶叶面略有蜡粉或白粉。花单生或对生于叶腋处，蝶形，白色、紫色或紫红色。荚果浓绿色或黄绿色，扁平长形。种子圆粒，有光滑和皱粒两种粒型。种子千粒重150~180克。

二、荷兰豆对环境的要求

1. 土壤和养分

荷兰豆对土壤的适应能力较强，而以疏松、富含有机质的中性土壤为宜，在pH6.0~7.2的土壤中生长良好。土壤酸度低于pH5.5时，易发病害，根瘤菌的发育受到抑制，难以形成根瘤。酸性过大的土壤，可施石灰中和。荷兰豆忌连作，一般至少4~5年轮作。荷兰豆虽然有根瘤，但在苗期固氮能力较弱，必须供给较多的氮素养分。据测定，荷兰豆正常生长发育所吸收的氮、磷、钾比例为4∶2∶1，所以，荷兰豆施肥应以有机肥作基肥为主，配合施用磷肥，还可使用根瘤菌拌种。在基肥中混拌少量速效氮肥，既可促进幼苗生长，又有利于根瘤菌的生长繁殖，对提高产量和品质有重要作用。

2. 水分

荷兰豆在整个生长期都要求较多的水分。种子发芽过程中，若土壤水分不足，种子无法吸水膨胀，会大大延迟出苗期。苗期能忍受一定的干旱气候。开花期若遇空气湿度过低，则会引起落花落荚。在豆荚生长期若遇高温干旱，则会使豆荚纤维提早硬化、过早成熟而降低品质和产量。所以，在荷兰豆整个生长期内，必须有充足的水分供应才能旺盛生长、荚大粒饱、保质保量。但它又不耐涝，若水分过大，则播种后易烂籽，苗期易烂根，生长期易发病。

3. 日照

荷兰豆属长日照植物。大多数品种在延长光照时能提早开花，缩短光照时延迟开花，但是有些早熟品种对光照要求不严格。一般品种在结荚期都要求较强的光照和较长时间的日照，但不宜高温。

4. 温度

荷兰豆属半耐寒性植物，喜冷凉而湿润的气候，较耐寒，不耐热。种子在4℃下能缓慢发芽，但出苗率低，时间长。吸涨后的种子在15~18℃下仅4~6天即出苗，30℃的高温条件不利出苗，种子易霉烂。幼苗可耐-5℃的低温，生长期适温为12~20℃，开花期适温为15~18℃，荚果成熟期适温为18~20℃；温度超过26℃时，授粉率低，结荚少，品质差，产量低。

第二节　荷兰豆的品种

荷兰豆属软荚豌豆，俗称食荚菜豌豆，是豆科豌豆属一年生或越冬草本植物。荷兰豆按其茎的生长习性可分为矮生、蔓生和半蔓生3种类型

一、矮生品种

1. 矮生大荚荷兰豆

从国外引进的荷兰豆中选育的大荚品种，抗病性较强。株高60~75厘米，生长势中等，茎叶较大，始花节位较低，花白色，荚宽大扁平，一般荚长10~12厘米，宽2.5~3厘米，纤维少，质软。从播种至嫩荚采收约80天。每亩产鲜荚750千克。

2. 食荚大菜豌豆1号

由四川省农业科学院作物研究所育成。矮生品种，不需搭架，株高60~70厘米，株型紧凑，节间密，花白色，双荚率高，每株可结嫩荚10~12个，多的可达20多个。荚长12厘米，宽2.5厘米左右，每荚内含有种子5~6粒，从播种到采收青荚需要70~90天，每亩可以采收750~1 000千克。适宜春、秋两季

栽培。

3. 京引 92-2

引自日本。株高 70~80 厘米，分枝 1~2 个，初花节位在第 5~6 节。嫩荚深绿色，圆柱形，肉厚味甜。干种子绿色。从播种至初收约 70 天，春播时可延续采收 20 天；秋播时如果管理好，可延续采收 60 天。

二、蔓生品种

1. 大荚荷兰豆

由国外引进，株高 200 多厘米。荚长 12~14 厘米，宽 3~4 厘米，淡绿色，凹凸皱弯，不平滑。鲜荚和豆粒均可菜用，荚脆、清甜、纤维少。荚粒特大，品质极佳，耐寒性差。每亩产鲜豆荚 1 000~1 500 千克。为速冻出口品种。

2. 饶平大花

广东饶平县地方品种，株高 2~2.5 米，节间 10 厘米，从第 10~12 节位开花结荚，花紫红色，荚长 10~12 厘米，宽 2.5 厘米。每株结荚 20 个左右。嫩荚品质好，稍弯。从播种到始收嫩荚 75 天，抗白粉病能力强，每亩产量可达 800 千克左右。

3. 法国大荚

从法国引进。晚熟，株高 2~3 米。嫩荚淡绿色，凹凸皱弯，不平滑。荚长 6~7 厘米，宽 3~4 厘米，脆嫩清甜，纤维少，品质佳。结荚期长，每亩产鲜荚 1 500~2 000 千克。

4. 白花小荚

从日本引进。早熟，抗寒，抗热，抗病虫能力强。株高 1~3 米。嫩荚绿色，荚长 7 厘米左右，宽 1.4~1.75 厘米。嫩荚质地柔软，品质佳，商品性好，为速冻出口品种。

三、半蔓生品种

1. 阿拉斯加

从国外引进，又名小青荚。早熟，半蔓生，株高 1 米，从播种至收获嫩荚需 60～65 天，至种子成熟需 85～90 天。荚粒大，结荚多，绿色，平均荚长 6.0 厘米，荚宽 1.5 厘米。种子圆球形，绿色。嫩荚和种粒均可供食，品质优良。适合于露地栽培或保护地栽培。

2. 夏浜豌豆

引自日本。株高 70～90 厘米。花红色。荚中等大小，纤维少，品质好。耐热性较强，在夏季高温条件下坐荚良好。该品种适应性强，除春季栽培外，还可在秋季保护地栽培，7～8 月播种，11～12 月采收。

3. 京引 92-3

引自日本。植株生长较繁茂，分枝多。结荚部位较低，始花着生在第 4～5 节。花白色。嫩荚青绿色，肉厚，品质较好。春、秋季均可栽培，春季栽培时，从播种至初收到约 80 天。该品种早熟，抗病、耐寒力较强。

4. 子宝三十日

从日本引进的优良品种。半蔓生种，蔓长 1.0～1.2 米，分枝性强。花白色呈双生，一般出苗后 30 天可出现初花。豆荚小型，长约 6.5 厘米，鲜绿色，品质脆嫩，风味好。其花梗部位质脆，容易采收。该品种耐寒能力强，也耐高温，在夏季高温条件下结荚良好，春、夏季均可栽培。

第三节 荷兰豆的栽培季节与栽培技术

一、栽培季节

1. 春播夏收

我国南方和北方地区均可实行春播夏收栽培。在北方春播栽培时，要在不受霜冻的前提下争取及早播种，因为早播可以有更长的适宜生长季节进行充足的营养生长及分枝，增加生物量，结荚多而肥大，达到增产增收和优质的生产目的。北方春播栽培在土壤解冻后即可进行播种，这时土壤墒情好，有利发芽，一般露地在 3 月中旬播种。但近几年，倒春寒天气频繁，可适当推迟几天播种。塑料大棚可提早播种 10~15 天，日光温室栽培主要从经济效益出发，确定栽培季节。

2. 夏秋播种冬季收获

少数地方实行，需在苗期加强管理。

3. 秋播冬春收获

在我国南方各省大都秋播春收。长江以南地区实行秋播的，播期因地区不同而不同，应根据本地气候条件适时播种栽培。播种过早，前期茎叶生长过于茂盛，冬季易受冻害；播种过迟，根系尚未充分生长发育，严寒到来时，植株生长不良，大大降低产量。

长江流域及以南地区，可在秋、冬、春三季栽培。

（1）越冬栽培。于 10 月下旬至 11 月上旬排开播种，越冬后，于次年 4 月下旬至 6 月上旬陆续采收上市。

（2）春季栽培。于 2 月中下旬播种，5 月中旬至 6 月中旬采收上市。

（3）秋冬栽培。8 月中下旬播种，10 月下旬至次年 3 月采收。在高山较冷凉地区，也可于春、夏两季栽培，于3—4月中旬播种，5月下旬至7月采收。

二、荷兰豆露地栽培技术

（一）合理轮作倒茬

因荷兰豆根部的分泌物会影响根瘤菌的活动和根系生长，引起生长发育不良，所以不要与豆科作物连作，以进行3~4年的轮作为宜。尤其白花品种比紫花品种更忌连作，轮作年限应再长些。荷兰豆还可与蔬菜或粮食作物进行间套栽培。我国南方各省大多将荷兰豆作为水稻、甘薯、玉米的前后作，或者与小麦混种。在北方它适于在畦坡种植或与茄果类及瓜类间作，特别适宜与玉米等高秆作物间作套种。

（二）整地施肥

荷兰豆的主根发育早，生长迅速。通常在播种后6~7天，幼苗出土之前，主根即可伸长6~8厘米，幼苗出土时，就可长出10多条侧根。在整个幼苗期，根系的生长速度也明显快于地上部分。但是，荷兰豆的根系与其他豆类作物相比，还是较弱小的。因此，为了促进根系的发育，必须创造一个良好的土壤环境。要做到精细整地、早施基肥，以保证苗全苗壮。在北方春播时因播期较早，应在头年秋天整地施肥。前茬作物收获后，每亩施用有机肥3 000~5 000千克，过磷酸50~100千克，硝酸铵10~15千克，氧化钾15~20千克，将化肥与有机肥混合普施，深耕整平做畦。畦田规格可按荷兰豆的类型确定，矮生种荷兰豆，畦宽可为100厘米或150厘米；蔓生种畦宽可达160~200厘米。夏季播种的宜做成高畦，防止在雨季畦面积水。播种前应灌足底水。

（三）播种育苗

1. 种子处理

播种前应精选大粒饱满无病虫斑的种子，这是保证苗全、苗壮和丰产的主要措施。可用盐水筛选法精选种子，具体方法是：把种子倒入40%的盐水中搅拌，捞出漂浮在上面的不充实种子，沉下的好种入选。播前可用二硫化碳熏蒸种子10分钟，以防病虫害，或用50℃的温水浸种10分钟，有条件的地方，可采用干燥器空气温热处理种子，处理温度为30~35℃。通过温热处理能使种子完成后熟过程，打破休眠期，这样出苗整齐、幼苗健壮、花芽分化早，产量也比较高。接种根瘤菌有利于增产。播种前用根瘤菌拌种，方法：在采收荷兰豆之前，选无病、根瘤多植株，洗净后放置在30℃以下的温室中风干，将根系剪下捣碎，装袋存放在干燥处，播种前将根瘤用水浸湿，取25~30克，可拌种10千克。或用0.01%~0.03%的钼酸铵，或用0.15%~1%的硫酸铜浸种，可促进根瘤菌的生长发育，增加根瘤的数目，提早成熟，增加前期产量。由于豌豆在低温长日照条件下能迅速生长发育，开花结荚，所以也可对种子进行低温长日照处理，豌豆一般经5℃左右的较低温度处理，便可有效促进发育。低温处理前需浸种催芽，在播种前先把种子浸入水中，使种子充分吸水湿润，每隔9小时用井水温度的水浸1次，约经20小时，催芽10天，芽长5厘米时取出播种。

2. 直播

荷兰豆主要采用园田直播。播种量：矮生种每亩用种8~10千克，蔓生种每亩用种5~8千克，同时要按种子千粒重的大小酌情增减。播种方法：矮生种，畦宽100厘米的，每畦可种2行，畦宽150厘米的，每畦种3行，按行距40~45厘米开沟条播。蔓生种，畦面较宽，每畦播双行，开沟后按株距10厘米穴播，每穴播2~3粒种子。播种后覆土3~4厘米。

3. 育苗

荷兰豆也可以育苗移栽，苗龄 25~30 天，苗高 12~15 厘米，具 4~5 片复叶时即可定植。育苗移栽可提早采收，增加产量，在人力较充裕时可以采用。

4. 田间管理

（1）中耕除草。幼苗出齐后，应及早中耕、松土，以提高地温和保持土壤水分，有利于土壤微生物的活动，促进幼苗生长，并可控制杂草滋生。一般结合灌水中耕 1~2 次。南方秋播中耕时需培土，有利于幼苗越冬。固定苗株，以防倒伏及露根。一般在株高 5~7 厘米时进行第 1 次中耕，株高 10~15 厘米时进行第 2 次中耕，结合进行培土。第 3 次中耕要根据荷兰豆的生长情况，灵活掌握。后期茎叶繁茂，中耕易损伤植株，对垄畦草可人工轻轻拔除。

图 5-2　荷兰豆育苗移栽

（2）追肥。荷兰豆除施基肥外，还要进行适当的追肥。苗期适当追施氮肥，促进生根和茎叶生长，生长后期应以磷肥和钾肥为主，特别是磷肥。因为荷兰豆对不易溶解的磷肥有较高的利用率。磷肥可以促进荷兰豆籽粒成熟，还可以改善其软化品质，施用后增产、改善品质效果显著。一般第 1 次追肥在苗高 5～10 厘米时进行。吐丝期结合灌水，每亩施尿素 10～20 千克，也可用人粪尿追肥。开花结荚期可结合浇水追施适当氮肥和磷肥，增加结荚数，也可用浓度为 500～1000 倍液的磷酸二氢钾叶面喷施，对改善籽粒品质和增产都有效果。另外，豌豆在开花结荚期根外喷施磷肥及硼、锰、铜、锌等微量元素肥料，增产效果十分显著。

（3）灌溉与排水。荷兰豆耐旱性差，整个生育期需要较适宜的空气湿度和土壤湿度。在生长期间应注意水分的管理。播前浇足底水。播种后如遇干旱，需及时浇水，以利幼苗出土。苗期一般较耐旱，需水量比较少，可适当浇 1 次水，每次浇水后及时中耕松土。进入开花结荚期，需水量增加，不可缺水，可根据土壤墒情 3～4 天浇 1 次水。浇水应结合追肥进行。对灌溉的次数没有严格规定，土壤干旱就要随时浇水，特别是进入花荚期之后，要保证鼓粒灌浆对水分的需要。一般干旱时于开花前浇 1 次水，结荚期浇水 2～3 次。荷兰豆也不耐涝，如遇大雨要及时排除田间积水，以免烂根。

三、日光温室冬茬、早春茬栽培技术

1. 育苗

荷兰豆温室栽培可选用较耐低温、抗病、产量高、豆荚品质好、外形美观的品种，如台中 11 号、食荚大菜豌、法国大荚等。通常采用育苗移栽，而培育适龄壮苗是食荚豌豆获得优质高产的重要环节之一。适龄壮苗应具有 4～6 片真叶，茎粗节短，达到这样的苗龄在高温下（20～28℃）需 20～25 天，适温下（16～23℃）需 25～30 天，低温下（10～17℃）需 30～40 天。

各茬次的育苗时期可根据定植期、温室的温度状况来具体确定。一般早春茬栽培是在秋冬茬茄果类、瓜类或其他蔬菜拉秧后栽培。拉秧期在 1 月中下旬至 2 月上中旬，故早春茬荷兰豆的播种期为 12 月中旬至翌年 1 月上旬。冬茬栽培荷兰豆主要以供应春节前后为生产目的，播种期应比早春茬早，比秋冬茬晚，一般在 10 月上中旬播种育苗或直接栽培，11 月上中旬定植。

按大棚早春茬的育苗床土要求配制营养土。采用营养钵、纸袋或营养土方等护根育苗方式。播前浇足底水，干籽播种，每穴点 2~4 粒种子。播后温度掌握在 10~18℃，以利快出苗和出齐苗。温度低发芽慢，温度过高（25~30℃）发芽虽快，但难保全苗。子叶期温度 8~12℃ 为宜。定植前应使秧苗经受 2℃ 左右的低温，以利其完成春化阶段发育。

图 5-3　荷兰豆支架

2. 整地做畦

每亩铺施优质农家肥 5 000 千克、过磷酸钙 40~50 千克、草木灰 50~60 千克，深翻 20~25 厘米，与土充分混匀。耙细整平后做畦。单行密植时，畦宽 1 米，栽 1 行；双行密植时，畦宽 1.5 米，栽 2 行；隔畦与耐寒叶菜间套作时，畦宽 1 米，栽 2 行。

3. 定植

定植时畦内开沟，沟深 12~14 厘米，单行密植穴距 15~18 厘米，每亩栽 3 000~3 600 穴。双行密植穴距 21~24 厘米，每亩栽 4 500～5 000 穴。隔畦间作时穴距 15～18 厘米，每亩栽 6 000～7 000 穴。坐水栽苗，覆土后耙平畦面。

4. 田间管理

（1）温度管理。定植后到现蕾开花前，温室白天超过 25℃ 放风，不宜超过 30℃，夜间不低于 10℃。整个结荚期以白天 15～18℃，夜间 12～16℃ 为宜。

（2）水肥管理。浇定植水后，一般不再浇缓苗水。现花蕾后随水冲 1 次粪稀或化肥，每亩用复合肥 15～20 千克。随后锄松地表进行 1 次浅中耕，以控秧促荚。第 1 花结成小荚至第 2 花刚谢标志着进入结荚开花盛期，此时需肥水量较大，一般每 10～15 天喷 1 次肥水，每亩每次用氮磷钾复合把 15～20 千克，或尿素 10～15 千克、过磷酸钙 20～25 千克，并每亩追施草木灰 50 千克补充钾素。此期缺肥少水会引起大量落花、落荚。

（3）支架。荷兰豆茎蔓柔软中空，很易折断，同时其茎蔓既不像菜豆茎蔓能自己缠绕，也不像黄瓜茎蔓易人工绑扎，因而当植株生长到卷须出现时，需用竹竿与绳结合的方法来支架。方法是每米插一竹竿，竹竿上下每 0.5 米左右缠绕一直绳，使豆秧互相攀援，再用绳束腰固定。

5. 采收

多数品种开花后 8～10 天豆荚停止生长，种子开始发育，此为嫩荚收获适期。有时为稍增加一些产量，等种子发育到一定程度再采收，但采收过晚豆荚品质变劣。

第六章　刀豆的栽培技术

第一节　刀豆的生物学特点及对环境的要求

一、刀豆的生物学特点

1. 蔓性刀豆

蔓性刀豆为多年生，但多为一年生栽培。蔓粗壮，长 4 米以上，生长期长，为晚熟种。出苗后第一对基生真叶为大型心脏形的单叶，以后为由三小叶组成的复叶，叶柄短。荚果绿色，长 30 厘米左右，宽 4~5 厘米，每荚重约 150 克。种子大，椭圆形，每荚有种子 10 粒左右。种子白色、褐色、乌黑色或红色，种子长 2. 5 厘米，宽 1. 5 厘米，千粒重约为 1 320 克。种脐的长度超过种子全长的 1/3。

图 6-1　刀豆

2. 矮刀豆

矮刀豆又名立刀豆、洋刀豆。为一年生，半直立丛生型，也可变为多年生攀缘性，株高 60~120 厘米。花白色。荚较短。种子白色，小而厚，种脐的长度约为种子全长的 1/2。较早熟。

二、刀豆对环境条件的要求

刀豆的生育期一般为 70~90 天，分为发芽期（15~20 天）、幼苗期和抽蔓期（共 30~50 天）及结荚期（开花后需 20 天左右即可采收）。刀豆的全生育期为 180~310 天，因栽培地区和类型（品种）而不同，采收嫩荚作蔬菜，需 90~150 天才可收获。

1. 水分

刀豆要求中等雨量，以分布均匀的 900~1 200 毫米年降水量为适宜。我国华北地区夏季高温高湿的雨季亦适于刀豆生长，刀豆有些品种不耐渍水。立刀豆根系入土较深，相当耐旱，也比其他许多豆类作物更抗涝。在年降水量只有 650~750 毫米的地区，只要土壤底层水分充足或有灌溉条件，也能成功栽培立刀豆。

2. 温度

原产热带，喜温耐热，不耐霜冻。生长发育期最适温为 25~28℃，能耐 35℃高温，在 35~40℃高温下花粉发芽力大减，易引起落花落荚。在我国北部地区栽培，因积温不够，种子不易成熟，可育苗移栽。

3. 土壤养分

刀豆对土壤适应性广，但以土层较厚、排水良好、肥沃疏松的砂壤土或黏壤土为宜。刀豆适宜的土壤 pH 值为 5.0~7.1，立刀豆耐酸耐盐，适应的土壤 pH 值为 4.5~8.0，比其他许多豆类作物更抗盐碱，但以土壤 pH 值为 5~6 为宜。在黏土地直播时，肥大的子叶不易破土而出，故直播以砂性土为宜。但育苗移栽时，如选稍黏性壤土栽培，则果荚的硬化较迟，荚肉柔嫩品质好，有利采收嫩荚。刀豆对水肥要求不高，虽然根系发达有根瘤固氮，但培育过程中，还应注意后期追施磷、钾肥，防止早衰，延长结荚期，增加产量。

4. 光照

刀豆对光周期反应不敏感，要求不严格。立刀豆为短日照作物，但在各地区栽培的地方品种，由于长期的自然适应，对光照长短的敏感性有所不同。二者均较耐阴。但据报道，刀豆对光照强度要求较高，当光照减弱时，植株同化能力降低，着蕾数和开花结荚数减少，潜伏花芽数和落蕾数增加。

第二节　刀豆的优良品种

一、青刀豆

安徽地方品种。为一年生半爬蔓性植物，株高 79~84 厘米，开展度 63~76 厘米。叶宽大，倒卵形，叶色浅绿，叶缘全缘。叶柄扁圆，有齿沟，茎粗壮，花紫红色。豆荚扁长，肉质肥厚、脆嫩，荚长 32~34 厘米，宽 3.2~3.3 厘米，厚 1.4~1.7 厘米。种子白色。抗旱性极强，耐高温，抗病。

二、大田刀豆

福建省大田、永春、德化等地区多年栽培的品种。植株蔓生，株高 2~3 米。三出复叶，小叶长 10 厘米，宽 8 厘米。花冠紫白色。嫩荚浅绿色，镰刀形，横断面扁圆形，荚长 32.5 厘米，宽 5.2 厘米，厚 2.6 厘米。嫩荚可鲜食，亦可腌渍加工，品质中等。种子较大，肾形，浅粉色。晚熟，从播种至嫩荚采收需 90 天，可持续 100~120 天，嫩荚产量每亩 1 500~2 000 千克。

抗逆性强。每日下旬至 4 月中旬播种，7 月上旬至 11 月中旬均可采摘嫩荚。

三、大刀豆

江苏省连云港市和海州、中云等地有少量栽培。植株蔓生，株高 3~4 米，生长势强，茎蔓绿色，略带条纹。基部初生 3 片单叶，每个叶腋有一分枝，向上各复叶叶腋不再分枝，三出复叶为长卵形。花冠浅紫色，每个花序有花约 10 朵，一般成荚 2~3 个。嫩荚绿色，大而宽厚，光滑无毛，似小长刀，荚长约 30 厘米，宽约 4 厘米，厚 1~2 厘米，据背线 1 厘米处两侧各有一条凸起的小棱，腹线处光滑无棱。单荚重 100~150 克，荚果肉质较硬，适宜酱渍。种子扁椭圆形，紫红色，种脐黑褐色，百粒重 120~180 克。早熟，生长期 80~85 天，耐热性强，耐寒性差，春季生长缓慢，夏季生长旺盛，抗虫力较强。4 月下旬催芽穴播，行距 1.2~1.5 米，穴距 30~33 厘米，每穴播种 2~3 粒，7 月中下旬开始采收嫩荚。

四、十堰市刀豆

湖北省地方品种，栽培历史悠久，十堰市郊区栽培。植株蔓生，节间长。单叶卵形，三出复叶，绿色。总状花 23 厘米，宽约 3.6 厘米，单荚重 100~150 克，绿色，肉厚，质地嫩荚，味鲜，可供炒食和腌制。每荚含种子 8~10 粒，种子椭圆形，略扁，浅红色。耐热性较强，耐寒性较弱。嫩荚产量每亩 1 000 千克。房前屋后均可种植。4 月下旬播种，穴距 60 厘米，挖穴施基肥，每穴 2~3 株，靠篱笆、树木攀缘生长，生长期内施追肥 2 次，8 月上旬至 11 月中旬收获。

五、沙市架刀豆

湖北省地方品种，栽培历史悠久植株蔓生，蔓长3~3.5米，分枝性中等。单叶倒卵形，三出复叶，深绿色。豆荚剑形，长20~25厘米，宽4~5厘米，厚1.0~1.5厘米，绿色，单荚重100克左右，每荚含种子8粒。嫩荚脆甜，适于炒食、腌制或炮制。单株可结荚10多个，嫩荚产量每亩1 500千克。晚熟，抗旱力强，耐涝，抗豆斑病。4月下旬播种，每亩用种量4千克，留苗2 000株，播种后盖草防土壤板结，蔓长30厘米时搭架，人工引蔓上架。

第三节　刀豆的栽培技术

刀豆全生育期180~310天，自播种到始收嫩荚需90~150天。立刀豆全生育期180~300天，播后至始收嫩荚需90~120天。具体每个品种的生育期，则因栽培地区和品种类型而异。

一、刀豆的种植方式

刀豆以零星种植于宅旁园地为多，少有大面积栽培，常在房前屋后的墙边地脚，或沿栅栏、篱笆、墙坦栽培，还可广泛种于经济林、果园的行间作绿肥或覆盖物。丘陵山坡地亦可种植刀豆，在20世纪50~60年代，南方山区丘陵地区随地可见种植，是当地农民群众的重要蔬菜之一。

刀豆生育期长，一般是一季栽培，种子繁殖。刀豆喜温怕冷，北方地区露地须在终霜后播种，在初霜来临前收完。在北方生长期短的地区，种子多不易成熟，育苗移栽可延长生长期，种子可自然成熟。在黏质土壤中，种子不易发芽，容易腐烂，亦应育苗移栽。刀豆根系发达，土地深翻18~20厘米，同时翻入腐熟有机肥或浇粪水。平整土地，平畦栽培，畦宽135～150厘米，畦长6.5～13.5米，每畦种两行，穴距50厘米，每穴播种1～2粒。种子发芽时子叶出土。

二、播种育苗

宜选粒大、饱满、大小整齐、色泽一致，无机械损伤或虫伤籽粒作种子，先晒种1天，用温水浸泡24小时后再播。播后如遇低温或湿度过大，易烂种，因此浸种后最好再放在25～30℃条件下催芽，出芽后点播。如温度较低，土壤湿度又大，可用干种子直播，播种时宜使种脐向下，便于吸水促进发芽。播后先盖一层细土，再加盖谷糠灰或草木灰，以利种子发芽子叶出土。

直播多在终霜前7～10天播种，北方在4月下旬至5月上旬播种，每穴宜播种2粒。立刀豆行距66厘米，株距33厘米，播深5厘米左右，一般用穴播或点播，每穴为3～4粒。种植面积较大时可以条播，行距60～90厘米，株距15～30厘米，或采用30～40厘米的方形播种。丛生型立刀豆，宜用（100～150）厘米×100厘米的宽行株距。

床播育苗通常于3月下旬至4月上中旬进行。苗床可根据气候情况选用温床或冷床，播前浇足底墒，行株距各13厘米，每穴点播一粒，覆土3厘米厚，先盖细土，再盖一层谷糠或草灰。播后切勿多浇水，保持适温适湿，以免烂种。7～10天后出芽，终霜后幼苗有2片真叶时定植露地，每穴一株，行距70～80厘米，株距40～45厘米，每亩2 000株。

三、田间管理

（1）检查和补充幼苗。苗高10厘米时，要查苗、定苗、补苗，在4叶期，结合中耕除草追肥1次。

（2）插架。蔓生刀豆株高35~40厘米时插支架，架高2米以上，架的顶部要纵横相连。也可利用篱笆、栅栏、墙坦、大树等拉绳作架，引蔓顺其自然缠绕。前期要注意中耕、除草和培土。

（3）肥水管理。开花前不宜多浇水，要注意中耕保墒以防落花落荚。开花结荚后需及时追肥、浇水。坐荚后，刀豆种植逐渐进入旺盛生长期，待幼荚3~4厘米时开始浇水。供水要充足，无雨时10~15天浇一次水，并结合进行追肥。刀豆是需氮肥较多的蔬菜，如氮素不足则分枝少，影响产量和品质。在4叶期追第一次肥，在坐荚后结合浇水追第二次肥，在结荚中后期再追1次肥。在结荚盛期应进行2~3次叶面追肥。要经常保持地面湿润。

在开花结荚期，应适当摘心摘除侧蔓、疏叶，以利于提高坐荚率。

四、收获与贮藏

刀豆和立刀豆生育期均较长，收获嫩荚需90~20天，收获种子需150~300天。

1. 收获嫩荚

刀豆一般在荚长12~20厘米，豆荚尚未鼓粒肥大，荚皮未纤维化变硬之前采摘。北方在8月上旬盛夏开始陆续采收，直至初霜降临。单荚鲜重可达150~170克，嫩荚产量每亩500~750千克。收立刀豆嫩荚做蔬菜时，在荚果基本长成、柔嫩多汁时采收。

2. 收获种子

留种一般选留植株中下部先开花所结的宽大肥厚并具本品种特征的豆荚，其余嫩荚应及时早采食，待种荚充分老熟，荚色变枯黄时摘下，待荚干燥，剥出种子晾干贮藏。豆荚过熟会在田间炸荚落粒，造成减产。干豆产量：刀豆为每亩 50~100 千克，立刀夏为每亩 100 千克。茎叶产量为每亩 2 700~3 400 千克。

3. 贮藏

贮藏的种子含水量应在 11%以下。种子一般贮藏于袋内或陶器内。刀豆种子在贮藏期间抗病虫性较强。

第七章　毛豆的栽培技术

第一节　毛豆的生物学特点及对环境的要求

一、毛豆的生物学特点

毛豆就是菜用大豆，属于大豆的一个分支，是大豆的幼嫩荚果，因为荚壳表面有细毛，所以得名毛豆，老了的毛豆就是黄豆。毛豆营养丰富，在我国各地皆有栽培，品种较多。

（一）根

毛豆的根系发达，直播的主根可深达 1 米以上，侧根开展度 40~60 厘米。育苗移栽的植株根系受抑制，分布较浅。毛豆根的再生力弱，移苗应在苗小时进行。毛豆根部有根瘤菌共生，形成根瘤。根系和根瘤主要分布在 2~20 厘米耕层中。

图 7–1　毛豆

（二）茎和叶

毛豆的茎直立或半直立，强韧，圆形而有不规则棱角，被灰白色至黄褐色茸毛，嫩茎绿或紫色，绿茎开白花，紫茎开紫花，老茎灰黄或棕色。叶腑抽出分枝，或不分枝。子叶出生，第一对真叶是单叶，以后是三出复叶，小叶卵圆形，叶柄基部有三角形托叶 1 对，叶面被茸毛或无。

（三）花和种子

毛豆的花小，白色或紫色，着生在总状花序上。一般每一花序有 8~10 朵花，自花授粉，天然杂交率不超过 1%。一般第一花序结 3~5 个荚，荚果矩形扁平，密布茸毛，黄绿色，含种子 1~4 粒。种子椭圆或圆形，无胚乳，千粒重 100~500 克，贮藏寿命 4~5 年。

二、毛豆对环境的要求

（一）光照

毛豆属于短日照植物。不同的品种对日照的反应不同。北方的无限生长类型、晚熟的品种则多属短日性。南方的有限生长类型、早熟品种，对光照的要求不严，在春、秋两季栽培均能开花结荚。所以北方的品种南移，往往提早开花；南方的品种北引，常茎叶繁茂，延迟开花。故各地区间引种，要考虑这一因素。

（二）土壤养分

毛豆对土壤的适应性广泛，砂壤土至黏壤土皆可栽培，而以土层深厚、排水良好、富含钙质及有机质的土壤为好。pH 值超过 9. 6 或低于 3. 9 时不能生长，pH 值为 6. 5 时毛豆生长良好。

毛豆对养分的需要，据相关试验，从播种至始花期吸肥不到总量的 80%以上。毛豆需氮多，虽有根瘤菌固氮，但有相当大的部分还要靠施肥供给。若氮素不足，则生长不好，花荚脱落增多。开花始期前吸氮量约占总吸氮量的16%，花开结荚期则占78%。毛豆也需要大量的磷、钾。分枝期缺磷，分枝、节数会减少；开花期缺磷，节数和开花数减少，增加花荚脱落。缺少钾则叶变黄，由顶部向基部扩展，严重时整个植株枯黄而死。

（三）温度

毛豆喜温暖。种子在10～11℃开始发芽，在15～20℃发芽快，生长期间最适温度为20～25℃，苗期能忍受短时间的低温。当温度低时，开花结荚期延迟，低于14℃则不能开花。在日间温度为24～30℃，夜间温度为18～24℃时，花发生较早。在生长后期对温度特别敏感，温度高，提早结束生长；温度急剧下降或早霜来临，则种子不能完全成熟。当温度在1～3℃时植株受害，温度降至-3℃时，植株冻死。故在无霜期短的地方，选择适当的品种很重要。

（四）水分

毛豆生长期需大量水分，且对水分的要求因生长时期而不同。在种子发芽期需要吸收比种子重量稍多一点的水分，因而播种期水分充足，发芽快，出苗齐，幼苗生长健壮。苗期应保持田间最大持水量为60%～65%，分枝期为65%～70%，开花结荚期为70%～80%，鼓粒期为70%～75%。生育前期过湿或过干，影响花芽分化正常进行，开花减少。在开花结荚期过湿或过干，花荚脱落会显著增加。

第二节　毛豆的品种

一、九月寒

九月寒这个毛豆品种可以春播也可以夏播，春播种植一般是在清明前后种，农历八月采收；夏播一般是在麦收后进行，6

月底—7月底之间播种，在9月底10月中旬采收。该品种可以适当密植，而且籽粒比较大，产量高，一般亩产豆荚1 000千克左右。不过该品种的顶土力比较弱，不能种得太深，一般种植深度控制在5厘米，覆土3厘米为宜。

二、台湾48

该品种属有限结荚习性，特早熟，株高55厘米左右，主茎节数15个左右，分枝数5个以上。白花圆叶，荚青绿色，白色茸毛，籽粒饱满，鲜食口感甜糯，耐贮运，3粒荚较多，商品性状优。在水肥管理充足的情况下，亩收鲜荚800千克左右。长江流域2月中旬至4月上旬播种，从出苗到商品毛豆上市55天左右。初春大棚、中小拱棚种植，可于5月下旬开始上市，积温高的地方可提前采收。

三、神龙翡翠

该品种属有限结荚习性，株高85～90厘米，紫花圆叶，茎秆粗壮，主茎节数16～18个，分枝数6个。荚直、籽粒饱满、鲜荚荚皮青绿，3粒荚居多，占70%左右，4粒荚占8%左右，籽粒口感甜糯，鲜食口感佳，商品性状优。长江流域3月中旬至6月下旬均可播种，从出苗到商品毛豆上市85天左右。与绿宝石比较，分枝多2～3个，增产明显。正常栽培管理条件下，每亩采鲜荚1 000千克以上。

四、早冠

该品种属有限结荚习性，极早熟，株高50厘米左右，白花圆叶，主茎节数14个左右，分枝数5个以上。鲜荚荚皮青绿色，白色茸毛，籽粒饱满，口感甜糯，商品性状优，青荚上市早，前期产量高，耐贮运。长江流域2月中旬至6月上旬播种，从出苗到商品毛豆上市50天左右。初春大棚、中小拱棚种植，一般在 5 月下旬开始采收，积温高的地方，可提前采收。

五、里外青

里外青是一款青皮青心的晚熟毛豆品种，适合春、秋种植，也是大粒型的毛豆，比较高产，属于毛豆品种中比较有特色的一种，豆荚深绿色，豆子也比一般品种绿得多，色泽鲜艳。

六、绿宝石毛豆

绿宝石毛豆是中晚熟鲜食毛豆品种，它的鲜荚采摘时间在 80 天左右。花是紫色的，豆荚外有灰白色绒毛，种皮要比正常品种绿一些，对比起来看颜色很容易就能看出区别。株高有 90~100 厘米，主茎节数大概 18 个，有效分枝有 2~3 条，三粒荚居多，绿宝石毛豆品种对高温环境的适应性比较好，抗病性也很不错。

七、绿光

引自日本。株高 70 厘米左右，株型较紧凑，主茎有 12 个叶节，3~4 个分枝，花白色。青荚绿色，荚上茸毛灰色，每荚有种子两粒。青豆粒浅绿色，质嫩，千粒重 480 克。老熟种子圆粒，浅绿色，千粒重 300 克。植株结荚数中等，每公顷产青荚 7 050 千克左右。其豆粒大，色绿，速冻加工品质好，是做加工用的优良品种。

第三节　毛豆的栽培季节

一、露地栽培季节

这是毛豆的主要栽培方式。长江流域大多数地区从春至秋都可生产毛豆，各地根据不同品种的成熟性和对光照长短的反应，妥善安排播种期，实行春播或夏播，可在夏、秋季收获，从6月开始收获嫩荚，以青豆（嫩豆）供食，直至9月，最迟可到10月，一般7—8月为生产旺季。

具体播种期，长江流域3—6月均可，春播的夏收，夏播的夏末至秋收获。3月播种育苗的，4月上旬定植，6—7月收获。4—6月直播的，7—9月收获，早熟品种早播早收，中、晚熟品种晚播晚收。华南秋播为7—8月播种，9—10月收获。

毛豆在适宜的播种期范围内，早播的产量高。但要注意品种对日照长短的反应，如早熟品种播种迟，则植株矮小，产量低，故宜春播夏收。晚熟品种播种过早，生长期延长，枝叶徒长，甚至植株倒伏，产量下降，故宜夏播秋收。此外，当产量过于集中，将会影响效益。

二、保护地栽培季节

毛豆春早熟栽培，长江流域主要在大棚内进行，实行冬或早春播种育苗，春末至初夏收获。一般在2月下旬至3月中旬播种，5月采收上市。

第四节 毛豆的栽培技术

一、毛豆露地栽培技术

（一）毛豆春季露地栽培技术

1. 播种前的准备

（1）整地施基肥。毛豆一般单作，也可间套。单作的首先要做好整地施基肥的工作。毛豆对土质的要求不严格，凡疏松肥沃、排灌方便的田块均可。播种前尽早深犁晒伐，细耙做畦，畦要平直。结合整地，施足基肥。有机肥料对毛豆植株的生长发育有良好作用，氮肥和磷肥配合的增产作用比单施氮肥大，耕地时用栏肥或堆肥每公顷 22 500~37 500 千克，翻入土中作为基肥。若土壤过酸，要施石灰调节 pH 值为 6~7.5，手播种前在播种穴或播种条沟中施过磷酸钙每公顷 225~300 千克。

（2）种子处理。

①选种：播种前先将种子进行筛选或风选，除去种子中混有的菌核、菟丝子种子、小粒和秋粒，再拣除有病斑、虫蛀和破伤的种子。

②药剂拌种：微量元素中的钼能增强毛豆种子的呼吸强度，提高发芽率。可用浓度为 1.5%的钼酸铵水溶液拌种，每 100 千克种子用钼酸铵稀释液 3.3 千克。若种子田曾发生紫斑病、褐纹病、灰斑病等，还须用福美双拌种消毒，用药量为种子重的 0.2%。

③根瘤菌接种：未种过毛豆的田块，接种根瘤菌效果显著。发育良好的根瘤，能供应毛豆所需全部氮素的 63%左右，其余氮素则靠施肥满足。根瘤菌接种办法：a. 土壤接种。从毛豆根瘤生长良好的田地中，取出表土撒于准备播种毛豆的田中，一般每公顷撒土 525 千克左右。b. 土壤水液接种。把含有多量根瘤菌的土壤，加入等量的水，搅成泥浆，澄清 5 分钟后，用上面较清的泥浆和种子混合，每 100 千克种子拌泥浆水 4~5 千克，阴干后播种。如种子太湿，播种不方便，可加些含有根瘤菌的细干土。c. 根瘤菌剂接种。利用人工培养的优良菌种制剂，效果更好。一般每 100 千克种子，用根瘤粉 400 克，加水 5 千克充分拌和，接种时宜避免阳光直射和过分干燥，拌后随即播种，以免失效。

2. 播种育苗

（1）直播。目前生产上广泛应用的是穴播，其次是条播。植株分枝小的品种较适宜穴播。条播比穴播更适宜机械操作。

穴播的在畦面按预定的距离开浅穴，一播早熟品种穴距约25厘米，中熟品种约30厘米，晚熟品种35~40厘米，每穴均匀播种3~6粒，盖土3~4厘米，再盖一些腐熟堆肥或草木灰，既可保持土表疏松又可增加钾肥。条播的在畦面按预定的行距开浅沟，沟底要平整。再按适宜的株距把种子播入沟内，每处1粒，种子上盖土与穴播同。一般早熟品种行距约30厘米，晚熟品种行距40~50厘米，株距12厘米。每公顷穴播的播种量45~60千克，条播的75~90千克。

（2）育苗。毛豆也可用冷床育苗。先做好苗床，床畦要较窄而高，苗床要整平，床土要细碎，不可过湿，播种前晒热。播种宜用秋籽，这种种子发芽势强，在较低温度下仍能良好发芽。播种要稀密适度，播下后用松土覆盖约2厘米，表面再撒一层黑色的砻糠灰，使土温易升高。出苗前不可浇水，以免烂籽；夜间及雨天苗床盖严以防冻防雨，晴天揭开晒太阳。一般于播种后10余天出苗。每公顷大田所需苗株的播种量是37.5~52.5千克。

图7-2　毛豆育苗

3. 定植

毛豆幼苗在第一复叶展开前能耐-3~-2℃的低温，可在断霜前数日定植到露地。栽植时按预定行穴距挖穴，幼苗带土栽植，每穴栽1~2株。深度以子叶距地面3~5厘米为宜，不要栽得过浅过深。栽得过浅，以后多雨易露根，遇强风易折断；栽得过深，心叶易被泥沾污，妨碍生长。栽后覆土，稍加镇压，浇定根水。

毛豆的单位面积产量是由单位面积株数、每株结荚数、每荚重量、每荚含种子数和千粒重等因素决定的，而单位面积和株数是组成产品的重要因素。毛豆的适宜密度应根据品种、栽培季节、土壤肥力和耕作栽培条件等进行确定。早熟毛豆以每公顷450 000株为宜，中熟毛豆以270 000~300 000株为宜，晚熟毛豆则以225 000~255 000株为宜。秋播生长期短、长势较弱，可以比春播较密。间作能较好地利用环境条件，可以比单作密植。密植程度相同，方形栽植或宽行窄株距比双株栽植的可获得较高产量。毛豆合理密植的生理指标，是植株封行后田间的叶面积系数为4~5。如叶面积系数过高，则植株下层光照条件恶劣，黄叶、落叶多，降低光合作用率，营养物质的制造积累减少，花荚脱落增多。如叶面积系数过低，又不能充分利用日光能，全田光合量降低，也不会达到增花、保荚、丰产的目的。

4. 管理

（1）间苗和补苗。直播的毛豆齐苗后须及早间苗，淘汰弱苗、病苗和杂苗。一般在子叶刚开展时间苗一次完毕。若地下害虫多则分两次间苗，在第一对单叶开展前结束。穴播的通常每穴留两株。条播的按保苗计划留足。直播的田间常有缺苗，多是由于种子不良、播种质量差或地下害虫多等原因造成，要及时补苗。可用间苗时匀出的苗，选好的补上，最好是播种时播种一些后备苗。补后浇水，保持土壤湿润，以保成活。

（2）追肥。毛豆是固氮作物，对氮素的要求不高，但为了多分枝、多开花、多结荚，在施足基肥的基础上，科学追肥，有利于毛豆高产。在幼苗初期根部还未形成根瘤或根瘤菌活动较弱时，要适量追施苗肥，促使幼苗生长健壮。可在出苗后1周每公顷施尿素75千克，促进根、叶生长。开花前如生长不良，再施10%~20%的人粪尿一次、草木灰1 500~2 250千克、过磷酸钙75~150千克，促使豆荚充分饱满；后期还可用1%~2%过磷酸钙浸出液根外追肥。钾肥不足，容易发生叶黄病，可施用苗木灰或硫酸钾进行防治。

（3）灌溉和排水。毛豆植株枝叶茂盛，水分蒸腾量多。每形成1克干物质需要吸收600~1 000克水。在幼苗期宜保持较低的土壤湿度，促进根系向土壤深层发展，扩大吸收面积。作早熟栽培的，苗期减少土壤含水量，可使土温升高，促进植株生长。毛豆在开花结荚期如果缺水，则单粒荚明显增加，严重影响产品的成品率。同时毛豆的耐涝性差，不能使豆田积水过久。因此要根据不同天气、不同时期进行合理排灌。一般南方春季阴雨天多，雨后要及时开沟排水；秋季天气干旱雨水少，播种期、分枝期，开花结荚期都需及时灌水，以沟灌润田为原则。

（4）中耕除草。中耕可使土壤疏松，增加土壤中氧气含量，从而促进毛豆根的发展和根瘤菌的活动。早熟栽培的毛豆在幼苗期进行中耕可使土温升高，增强根对磷的吸收。每次中耕时把细土壅到豆苗基部，可保护主茎和防止倒伏，促使根群生长。毛豆播后苗前，喷施除草剂乙草胺，效果较好。出苗后到开花前要除草3次左右。

（5）摘心。毛豆植株发生徒长则落花、落荚和秋粒、秋荚增多，产量和质量降低。摘心可以抑制生长，防止徒长，提早成熟，增加产量。试验证明，摘心可以增产5%~10%，提早成熟3~6天。有限生长类型的品种，在初花期摘心为好，无限生长类型的品种则应在盛花期以后摘心。

5. 采收留种

毛豆一般在豆粒已饱满，豆荚尚青绿时采收。过早则豆粒瘦小、产量低；过迟则豆粒坚硬，品质降低。采收时全株一次收完，或分二、三次采收。采收后放在阴凉处，保持新鲜。留种的植株必须待种子完全成熟，植株的茎秆干枯，大部分叶发黄枯落，豆荚变为褐色或黑褐色，豆荚中的豆粒干硬，豆粒和荚壁脱离，用手摇动植株时种子在荚中有声响，此时要在豆荚未爆裂时及时采收。

留种用的种子在贮藏期中若遇高温，呼吸作用加强，养分易消耗，同时种子吸收空气中的水分，使脂肪变成脂肪酸，种子的发芽能力减弱，植株生长衰弱，因此毛豆应该贮藏在温度低、湿度小的环境下才能保证一定的发芽力。成都、南京的农民为了保证毛豆的发芽力，采用翻种的办法，即毛豆种在夏天收获后立即播种，到当年 9 月后所收获的种子作为明年春季播种者。经过翻种后的种子并未经过高温多湿的环境，所以种子发芽力较高，幼苗生长好。经翻种后的种子较小，有光泽，可在较低的温度下发芽。翻秋留种连续 3~4 年后，豆荚和种子逐渐变小，发生退化现象，因此需从外地换种。为了解决这个问题，现在有的地方采用了北繁留种的办法。

（二）毛豆的秋季露地栽培技术

秋毛豆在长江流域一般在 7 月中旬至 8 月初播种，8 月底开花，10 月上中旬上市，可调剂 10 月上中旬叶菜类蔬菜尚未大量上市的淡季，深受市场欢迎，栽培较为普遍。

1. 选择适宜的品种

作秋毛豆栽培的品种宜选丰产性好、蛋白质含量高、籽粒大、易剥的秋型品种，如浙江省的郑地九月黄、咸宜大豆、徐山八月拔、大桥豆、山花豆、高家黄豆等。

2. 选种晒种

播种前挑去破粒、虫粒、瘪粒，进行几小时晒种，提高发芽率和发芽势。

3. 适期播种

秋毛豆适宜的播种期为 7 月中旬至 8 月初。若种于早稻收割后的易旱田，应提供早稻边收割边播种，点稻桩豆，以便豆籽利用稻桩所蓄的水分，提高出苗率。播种不宜过早，否则会生长过盛，荫蔽，造成瘪荚数增加，病虫害加重。

4. 合理密植，播后盖草保水

适宜的播种密度为 20 厘米×30 厘米或 20 厘米×35 厘米，每丛留 3 苗。每公顷苗数为 39 万～45 万株。播种后宜盖稻草或草，可保持水分和抑制杂草生长。

5. 适施磷、钾肥，巧施氮肥

以每公顷施磷肥 150～300 千克、钾肥 225 千克左右，作基肥施下为宜。若苗期发偏，可叶面喷施 2%的氮肥溶液，以补充氮素，因苗前期尚无固氮能力，而造成氮素供应不足。

6. 及时间苗、查苗、补苗

天旱时，水田灌跑马水，旱地应浇水，及时除草治虫和防病。常规留种。

二、早春大棚毛豆栽培技术

（一）品种选择

选用早熟、耐寒性强、低温发芽好、商品性好的宁蔬 6、台湾 292、日本大粒王等品种。

（二）适期早播

直播，播种时间为 2 月下旬。播前精细整地，均匀施肥，每亩施 2 500~3 000 千克腐熟农家肥、过磷酸钙 25 千克，大棚内做成两畦，畦沟宽 30 厘米，深 20 厘米，行距 30 厘米，穴距 20 厘米，每穴 3 粒。播种深度 10 厘米左右，播种过浅不易出苗。播种后立即覆盖地膜和大棚膜。江浙一带早初播种，采用棚内地膜覆盖育苗移栽，露地栽培于 3 月下旬播种，播后加盖地膜。促进苗齐、苗全、苗匀、苗壮。每亩用种量 7.5 千克左右。

（三）合理密植

对株形紧凑、熟期早的品种如特早 95－1 品种，要重视密植，行距 25 厘米，穴距 15~20 厘米，每穴保苗 2~3 株，每亩留苗数 1.5 万株以上。

（四）科学施肥

对株形较矮、不易徒长的品种如特早 95－1，应施足基肥。每亩施复合肥 30 千克，苗期应看苗施肥，苗弱叶色浅时施适量速效氮肥。初花期每亩追施尿素 10 千克加复合肥 5 千克。结荚期叶面喷肥 0.45%磷酸二氢钾加 1%尿素溶液，可有效提高结荚数，增加产量。

（五）调控温度

在春季早熟大棚栽培时，苗期温度在 25℃时，就应及早通风换气。

（六）精细管理

出苗后及时检查缺苗情况，及时补播。确保每亩有 2 500~3 000 株苗，这是早熟菜用大豆丰产的关键。管理中应及时划破地膜，促进幼苗生长。苗齐后要及时通风，白天保持 20~25℃，防止高温徒长，夜间注意防寒防冻。3 月中旬以后，气温渐高，要加强通风。4 月中旬揭掉大棚薄膜。幼苗期根瘤菌未形成前需要追施一次氮肥，每亩用尿素 5~10 千克。开花初期喷硼肥加多效唑，可防病增产。结荚初期，每亩再施草木灰 100 千克、过磷酸钙 5 千克，促进豆荚饱满。此时应该防止田间兔、鼠偷吃豆荚。水分管理要贯彻“干花湿荚”的原则，开花初期水分要少些，湿度大会落花、落荚，结荚后浇水，促荚生长，但要防止田间渍水。

（七）适时采收

豆荚充分长大、豆粒饱满鼓起、豆荚色泽由青绿转为淡绿时为采收适时，一般 5 月下旬开始采收，每亩可收豆荚 560 千克左右。

第八章　四棱豆的栽培技术

第一节　四棱豆的生物学特点及对环境的要求

一、四棱豆的生物学特点

图 8-1　四棱豆

四棱豆属一年生或多年生缠绕性草本植物，又叫翼豆、四稔豆、翅豆、杨桃豆。四棱豆根系发达，由主根、侧根、须根和块根组成，主根入土可达 80～200 厘米，侧根分布直径 40～50 厘米，主要根群分布在 10～20 厘米的耕层内。主根或侧根膨大后成胡萝卜状块根，大部分块根分布在地下 10～20 厘米的土层，横向水平生长。根上有较多的根瘤，固氮能力强。一年生植株每株可结 3～7 个块根。如条件适宜，地下块根可存活多年。茎蔓生，缠绕生长，高达 3～4 米，分枝性强，枝叶繁茂，茎光滑无毛，绿、紫绿或紫色，以绿色为主，横断面近圆形，在湿润条件下，茎节容易发生不定根，可膨大生成块根。叶为三出复叶，互生，小叶呈阔卵圆形、三角形或卵披针形，全缘，顶端急尖。花为腋生，总状花序，一个花序上着花 2～10 朵，花较大，花冠白色或淡蓝色，萼片2裂，旗瓣大，基部有叶耳，翼瓣狭长，龙骨瓣内弯；二体雄蕊，子房长形，花柱粗，柱头密披绒毛。荚果呈带棱的长条方形四面体，故称“四棱豆”。棱缘翼状，有疏锯齿，绿色或紫色，荚长6~48厘米，一般长约20厘米，含5~20粒种子。种子卵圆形，光滑且有光泽，种皮有白色、黄色、褐色、黑褐色、黑色或花斑等，千粒重250~350克。种子无休眠期。

四棱豆以种子繁殖为主，生长势强，营养生长与生殖生长并进时间考勤，无限结荚。四棱豆的全生育期，依品种不同而不同，为180~270天。通常情况下播种后5~8天出苗，子叶不出土，幼苗生长缓慢，20天后生长加快，大约70天后多数品种开始开花，有些品种在出苗后150天左右开花。自花芽可见到开放约需4天。花药在晚上裂开，花在早上开放，柱头多在花开放前后授粉。昆虫特别是蜜蜂是主要的传粉媒介，因此，可能因昆虫而引起杂交授粉，异交率可达到20%。荚的发育分两个阶段，授粉后20天荚果可达最大长度，25天可达最大重量，50~60天种子和荚果充分成熟。用作蔬菜时必须在开花后10~20天采收。

二、四棱豆对环境的要求

（一）温度

四棱豆是原产热带的作物，喜湿，但适应性较广，种子发芽适温为25~30℃，15℃以下、35℃以上发芽不良，生长发育适温为20~25℃，17℃以上结荚不良，10℃以下，生长停止。一般要求年平均气温15~28℃，较凉爽的气候有利于块根的发育。四棱豆在海拔2 400米的高山地区也能正常发育。但它对霜冻很敏感，遇霜冻即死亡。

（二）光照

四棱豆为短日性作物，对光照长短反应敏感，在生长初期的20~28天，对日照长短更为敏感，此时用短日照处理能提早开花。一般在3月开始播种，7月以后开花结荚，8—11月为结荚采收期，冬季温暖地区可延续采收至翌春。晚熟类型在反日照条件下，营养生长过旺，不能开花结荚。四棱豆要求较充足的日照条件，在背阴处栽培则生长发育不良。

（三）水分

四棱豆根系发达，入土也较深，有一定的抗旱能力，但不耐长时间干旱，尤其开花结荚期对干旱很敏感，要求较充足的土壤水分和湿润的环境。四棱豆怕涝，田间不能积水，否则容易烂根，千万植株萎蔫死亡。

（四）土壤和养分

四棱豆对土壤要求不高，较耐贫瘠，不耐涝，在深厚肥沃的砂壤土中生长好。在黏性土壤中，块根生长不良，块根小，食味也不好。适宜的土壤pH值为4.3~7.5，不耐盐碱，当pH值低于4.5时，植株生长发育差，需施用石灰。虽然四棱豆的根瘤菌有较强的固氮作用，但因生长期长，生长量大，对养分需要量也大，仍需施用农家肥及磷、钾肥。据测定，每收100千克的籽实，需氮24千克、磷5.4千克、钾13.54千克。它本身的固氮率为68.18%，主要补充磷、钾肥。需肥最多的时期是始花期到结荚中期，这一时期，要吸收氮素总量的84.8%、磷素的90%、钾素的60.9%，结荚后期又长块根，因此，氮肥和磷肥施用重点在前中期，钾肥则应前轻后重。除此之外，还需要一些钙、硫，以及硼、锌等微量元素。

第二节　四棱豆的优良品种

根据四棱豆的生长发育特点和收获目的可分为食用类、菜用类、饲用类和兼用类。食用类的一些品种结荚多，豆荚纤维化程度高，主要收获种子食用；有些品种块根膨大，块根产量高，主要收获块根食用。菜用鲜荚大，肉厚，脆嫩，纤维少，采期长，不易老化。饲用类四棱豆植株营养体繁茂，分枝多，再生力强，茎蔓生长势强，其蛋白质含量高。作饲料和绿肥，一般种植在生荒地、幼龄果园和经济林、采矿区作土地覆盖等。兼用类四棱豆的嫩荚、嫩叶和茎梢可采用，但嫩荚适采期较短，易老化。可收获种子和块根食用，也可收获茎蔓做高蛋白饲料。

一、龙豆 1 号

“龙豆 1 号”品种是黑龙江省农业科学院耕作栽培研究所和南京农业大学选择特定的母本和父本，经有性杂交，系谱法选育而成。该品种营养含量很高，在适应区出苗至成熟生育日数 125 天左右。龙豆 1 号品种亚有限结荚习性。株高 100 厘米左右，无分枝，白花，圆叶，灰色茸毛，荚弯镰形，成熟时呈褐色，籽粒圆。

二、龙豆 3 号

龙豆 3 号是黑龙江省农业科学院作物育种研究所最新育成的四棱豆品种。该品种无限结荚习性，秆强不倒，植株繁茂有分枝，三、四粒荚多，百粒重 23 克左右，营养含量高(22. 39%)，具有高产、抗病、广适应性等优点，适合在更广阔的区域大面积种植推广。

三、早熟翼豆 833

该品种是中国科学院华南植物研究所从澳大利亚引进品种 H45 中的早熟变异株系选育而成的早熟品系。早熟，适应性广，经济性状好。植株蔓生攀缘，蔓长 4~6 米，叶互生，阔卵形至阔菱形。茎叶绿色，株高 30 厘米处主茎叶腋着生第一花序。每个花序有小花数朵至 10 余朵，花冠蓝色，受粉后的子房逐渐发育成四棱形的荚果。嫩荚绿色，成熟荚果为黑褐色。种子近圆形，种脐稍突起。种皮米黄色。荚长 16~21 厘米。单荚种子数为 8~13 粒，单荚种子重 2.8~3.2 克，种子百粒重 31.0 克。

四、正龙豆 4 号

正龙豆 4 号是黑龙江省农业科学院作物育种研究所科研人员通过杂交育种手段，选育出的、高产、广适应性且适合芽豆生产的大豆新品种。该品种脂肪含量高（3 年平均 21.06%）、丰产性好、单株荚多粒多（3 年平均单株荚数 53.3、单株粒数 137.8）、百粒重 18 克左右，符合我国市场对种粒大小的要求，是四棱豆中的优良品种。

五、四季一号

为了提升口感、提高产量，海南省农业科学院蔬菜研究所特别选育。其植株属无限生长型蔓生，生育期 180~210 天，主、侧蔓均可结荚，结荚能力较强，果荚四棱形，产量高、抗病性强、适应性广，适合华南凉爽地区种植。该品种单株结荚 30~50 个，亩产鲜荚 1 000~1 400 千克，豆荚品质脆嫩，商品性好。

第三节　四棱豆的栽培季节与栽培技术

一、四棱豆栽培季节

四棱豆的生育期较长，而且生长发育需要较高的温度。所以一年生栽培，一般是春播秋收，一年一茬；多年生栽培的，在冷凉的冬季地上枯死，以地下块根越冬，次年温暖潮湿季节到来时自块根上发出新芽又开始生长。露地栽培，长江流域保护地育苗者 4 月育苗床或营养钵育苗，5 月中下旬定植，8—11 月陆续采嫩荚供食，直播的 5 月下旬进行；广东、广西、云南等北热带、南亚热带地区，早的3月下旬，迟的5月上旬播种，而以清明至谷雨播种为最适；华北地区露地栽培3月中下旬于保护地育苗，苗期25~30天，定植大田，春季有风沙的地区定植后要加风障或扣小拱棚；黄淮海平原2月下旬至3月上旬育苗，4月上旬定植于小拱棚。在北方使用保护地栽培需要看保温条件，保温性能高的可全年种植。

二、四棱豆栽培技术

1. 种植方式

四棱豆可单作，也可与其他作物如甘薯、西瓜等间套作，前期与早熟蔬菜套作，或在幼年果园行间间作，还可种植于庭院房前屋后，田边地角。不宜连作。

2. 栽培季节及育苗方法

（1）保护地栽培。在北方保护地栽培需看保温设施条件，保温性能高的可全年播种，随时种植。四棱豆呈多年生状态，夏季高温时需进行喷灌。

（2）露地栽培。华北地区露地栽培宜于3月下旬在保护地育苗，苗期25~30天，终霜后定植大田。春季有风沙地区定植后要加风障或扣小拱棚。北京露地直播多在5月初浸种催芽后播种，出苗后月均气温达15℃以上，有利生长。过早播种，地温低，种子不易发芽，而且在8月中旬前开的花可能因花芽分化时遇高温长日，营养生长势又强，花芽发育不完全而常不结荚。生长期短的品种6月中旬前播种。

（3）种子处理。四棱豆一般以种子繁殖为主，块根和茎蔓也可作为繁殖材料。每公顷用种量4.5~7.5千克，精量播种。播种前晒种1~2天，然后盛于纱布袋或细孔网袋，浸于50~55℃温水中（一般可用2份开水兑1份凉水），不断摇动盛种袋，至不烫手为度。水凉后倒出种子，用清水冲洗后再用清水浸种 8~12 小时。种子吸水膨胀后置于 25~28℃温度下，或用变温处理（白天 30℃ 8 小时，夜间 20℃ 16 小时），经 2~3 天萌芽后播种。不吸胀的硬实种子用砂纸擦破种皮，再浸种 20 小时，在 25~28℃下催芽后播种。

（4）育苗。播种宜用营养土方或营养杯育苗，也可利用废旧纸卷、纸筒，或者塑料薄膜做成高 10 厘米、直径 7~8 厘米的袋，底部开一小孔，盖一块小纸，然后装上营养土，浇透水后播种，这样可保证移栽时的幼苗成活率较高。营养土的配制，可用 80%的菜园土、20%草炭，再加细碎的饼肥、适量的过磷酸钙，充分拌匀后使用。播种后用塑料薄膜覆盖，如用黑色膜育苗效果更好。

3. 定植与直播

种植翻地时要施有机肥作基地并增施一些过磷酸钙，一般每公顷施入腐熟有机肥 3 000~4 500 千克、过磷酸钙 750 千克、钾肥 450~600 千克。幼苗 4~6 叶即要定植，苗龄太长则茎蔓缠绕易折断，定植后影响生长。定植密度每公顷 2.25 万~3 万株为宜，过密，秋季支架易倒塌，太疏影响早期产量。种子直播，1.5 米宽畦播 2 行，穴距 35~45 厘米，矮生品种 1 米畦播 2 行，7~8 叶时定苗。块根作种时，应在霜前收获块根，不要挖伤块根和弄断根颈（因为新枝从根颈周围萌发），也不要分蔸，播种时，根头朝上埋入穴内。

4. 田间管理

苗期一个多月生长较慢，要及时中耕除草，并保持土壤湿润。视幼苗生长势适当追肥 1~2 次，可用尿素 75 千克/公顷或土杂肥。整个生长期要看天时进行灌溉，尤其是开花结荚期不能受旱，经常浇水保持土壤湿润，遇 35℃以上高温，应勤浇轻浇，并在早晚浇水和雨后压清水，以降低地表温度。现蕾期和花荚期叶面施肥 2~3 次，用 0.5%~1%磷酸二氢钾和尿素混合稀释液，于晴天下午 4 时以后喷洒，均匀喷在叶片的正反面，能提高坐荚率和嫩荚质量。

图 8-2　四棱豆田间管理

立架整枝：幼苗 40 天后生长迅速，要在抽蔓前立架，支三角架或四方架，深中耕一次促根系生长，抽蔓后人工引蔓上架，使蔓叶在架上分布均匀。因四棱豆的结荚量以第一次分枝为最多，应于 10 片叶左右摘去顶尖，以促进低节位分枝，降低结荚节位的高度，促生有效分枝，从而增加结荚节位数，提高产量。开花结荚期枝叶生长仍旺，地下块根也逐渐膨大，各生长中心之间竞争养分激烈，要疏去过密的二、三级分枝和生长过旺的叶片，以利通风透光。摘下的嫩枝、嫩叶、花蕾和幼荚可用来做菜或汤。结合中耕进行培土，培高 15~20 厘米，以利地下块根形成和膨大。

5. 采收

四棱豆一般具无限结荚习性，以嫩荚作蔬菜食用，一般在开花后 12~15 天豆荚绿色、手触软感、豆粒未膨大前采收，采收宜嫩不宜过老，否则纤维增加、荚壁粗硬，不能食用，只可剥食荚内种子。嫩荚可 5~7 天收一次，过迟影响上部节位坐荚而降低产量，每采收 2~3 次追肥一次，促荚果生长并防植株早衰，采收嫩荚前一周，切勿施用化学农药。露地栽培管理较粗放的嫩荚每公顷 12 000~15 000 千克，在稀植情况下，单株嫩豆荚产量可达 2.5 千克以上。采收干豆或留种用豆荚，一般在花后 45 天成熟，豆荚皮色由青绿变为黑褐即可采收。干豆产量一般 900~2 550 千克/公顷。种子贮藏比较容易，一般未发现有虫害，但要求种子含水量在 10%以下。

第九章　蚕豆的栽培技术

第一节　蚕豆的生物学特点及对环境的要求

一、蚕豆的生物学特点

图 9-1　蚕豆

蚕豆是最古老的食用豆类作物之一，别称胡豆、罗汉豆、兰花豆等，在生物学分类上属于豆科、野豌豆属一年生或越年生草本植物。蚕豆株高 30~100 厘米；根为圆锥根系，主根短粗，多须根，根瘤粉红色；茎粗壮，呈四棱形，表面光滑无毛，中空多汁，维管束大部分集中在四棱角上，使植株坚挺直立，不易倒伏；偶数羽状复叶，叶轴顶端卷须短缩为短尖头；托叶戟头形或近三角状卵形；小叶互生，椭圆形、长圆形或倒卵形；花为短总状花序，着生于叶腋间的花梗上，花萼钟形，萼齿披针形，花冠白色，始花在主蔓第四节至第五节，花朵大，紫白色或白色，为自花授粉作物，异交率高达 30%左右；荚果肥厚，成熟荚呈黑色，荚壁纤维发达，不能食用，荚内含种子 2~7 粒；种子扁平方圆形，呈黄白、红褐色或淡绿色。

种子生命力强，可保持 5～6 年；花期在 4～5 月，果期在 5～6 月。

二、蚕豆对环境的要求

（一）温度

蚕豆一般于秋季萌芽生长，第二年春夏抽序开花和结出荚果，蚕豆性喜冷凉，发芽和生长适温 16～20℃，在 5～6℃时可缓慢发芽，25℃以上高温发芽率显著降低。幼苗能忍受短期-4℃低温，-6℃时死亡。开花结果适温 12～20℃，8℃以下、15℃以上开的花往往不结荚。花芽开始分化时，若遇高温，尤其是高夜温，开花节位上升。

（二）日照

蚕豆为长日照作物，在长日照下能促进生长发育，成熟和收获期提前，从南向北引种时，生育期逐渐变短，反之则延长。但也有对日照反应不敏感的中间型品种。蚕豆整个生长期间都需要充足的阳光，尤其是开花结荚期和鼓粒灌浆期。一般向光透风面的分枝健壮，花多、荚多，若种植密度过大，株间互相遮光，会导致蚕豆花荚大量脱落。因此，栽培上要合理密植，使其有一个合理的群体结构，对提高产量有明显的效果。

（三）土壤

蚕豆喜温暖湿润气候和 pH6.2～8 的黏壤土，不耐旱、涝，对水分要求适中，但土壤过湿易生立枯病和锈病。蚕豆对土壤的适应性比较强，能在各种土壤中生长，最适宜的是土层深厚、有机质丰富、排水条件好、保水保肥能力较强的黏质土壤。沙土、砂壤土、冷沙土、漏砂土因肥力不足，保水力差，植株生长瘦小，分枝少，产量低。如果在这些土壤上增施农家肥料，提高土壤肥力，保持土壤湿润，也能使蚕豆生长良好。蚕豆适应土壤酸碱度的范围为 pH6.2～8.0，耐碱性较强，沿海一带盐碱地也能种植蚕豆。过酸土壤抑制根瘤菌繁殖和根际微生物活动，因此蚕豆在酸性土壤中生长不良，容易感病。在酸性土壤种植蚕豆，需施用石灰中和酸性。而北方地区多是石灰性钙质土壤，种植蚕豆有优势。

第二节　蚕豆的品种

一、通蚕（鲜）6号

冬性、中熟品种，全生育期220天，沿海地区鲜荚上市在9月，其中一粒荚占33.6%，二粒以上荚占66.4%；鲜荚长10.4厘米，宽2.8厘米，平均百荚鲜重2 241.5克。鲜籽长3.0厘米，宽2.2厘米，鲜籽百粒重429.6克；干籽百粒重200克左右，粗蛋白含量27.9%。黑脐、种皮浅紫，可作纯度鉴定用。青豆籽速冻加工可周年供应，青荚可直接上市或保鲜出口。

二、陵西一寸

日本引进品种。该品种根系发达，主根粗壮，入土深45~65厘米，侧根数达35~52条，单株有根瘤40~46粒，茎方形，直立中空，粗0.9~1.4厘米，分枝直接由根际部抽出，株高109~110厘米，有效分枝5~8个，单株结荚数13~16个，荚长9.3~12.7厘米，最长荚15~17厘米，荚宽3~3.5厘米，荚呈圆筒形，鲜籽淡绿色，单株粒数13.5~15.1，干籽淡棕色，种子长×宽为30毫米×25毫米，指数1.14~1.20，百粒重250克以上，最重达280克以上。该品种喜湿润怕干旱，苗期尤怕水渍、淹、涝，播时忌施种肥。该品种是鲜食和加工罐头的优质品种，质地细腻糯性好，富含营养，煮烧松软，水溢后油煎，松脆鲜美。对土壤适应性较广，病虫害发生较少，耐肥，但耐寒性较弱，栽培上要注意防冻。

三、云豆早7

云南省农业科学院粮食作物研究所通过系统选育程序育成，2005年通过云南省品种委员会审定，属秋播型早熟大粒型品种。全生育期160～188天，无限开花习性，幼苗分枝直立，株高80.0厘米；幼茎绿色，成熟茎褐黄色，分枝力强，平均分枝数4.85枝/株，株型松散度中等，小叶叶形长圆，叶色绿，花色浅紫，荚质硬，荚形扁圆筒形，鲜荚绿黄色，成熟荚浅褐色，种皮白色，种脐白色，子叶黄白色，粒形阔厚，单株10.2荚，单荚1.49粒，百粒重130.6克，单株粒重16.2克，干籽粒淀粉含量41.67%、粗蛋白含量26.8%；对锈病、潜叶蝇有较好的避性。夏播多点区域试验平均干籽粒产量每公顷4 226.7千克，比对照种83324增产6.1%。大田生产试验干籽粒产量每公顷4 200～6 600千克；平均单产每公顷4 400千克，增产率0.3%～72.9%，最高鲜荚产量每公顷32 100千克。适于云南省海拔低于1 600米的正季，或海拔1 100～2 400米的反季蚕豆产区栽培，及近似生境的区域种植。注意根据当地气候，特别是温度条件，严格选择播期。

四、慈溪大白蚕豆

秋播品种，原产于浙江慈溪，是浙江著名的地方品种，常年120克左右，是秋播蚕豆中较好的大粒种。种皮薄，乳白色，单一般每公顷产量2 250～3 000千克，籽粒主要供外销。缺点是不抗病，易倒伏。该品种耐湿性差，对耕作条件要求严格，宜安排在滨海棉区与棉花套种及旱地种植。旱地增产潜力大于水田。慈溪大白蚕豆属晚熟型，生育期210天左右，在浙江一般霜降前后播种，次年5月底成熟。播种量一般每公顷112.5～150千克。

五、大白胡豆

四川地方品种，栽培历史悠久，成都、乐山等地较多。株高 80 厘米左右，开展度约 25 厘米，茎叶灰绿色。小叶椭圆形，花浅紫色，第一花序着生于 2~5 节，每花序结荚 1~3 个，单株有 3~4 节花结荚，单荚重 15 克，青荚黄绿，长约 7.7 厘米，宽约 1.7 厘米，厚约 1.5 厘米，指形，每荚有种子 2~3 粒。嫩豆粒白色，豆粒大，豆粗，味香，品质好，老熟荚皮黑褐色，种子白绿色，近椭圆形。播后 180 天左右采收嫩荚，200 天左右收获老荚，每亩收豆粒约 200 千克，在四川 10 月上旬到下旬播种，4 月上旬到中旬收青荚，5 月收老荚。

六、崇礼蚕豆

河北省张家口坝上地方品种。春强，早熟，全生育期 100~110 天，少枝，白花，有效枝 2~3 条，株高 80~100 厘米，单株豆荚一般 8~10 个，每荚豆荚 2~3 个，100 粒重约 120 克，粒径窄圆，种皮乳白色。谷物含有 24.0%的蛋白质、1.5%的脂肪和 1.55%的赖氨酸。该品种株型紧凑，适宜密植，肥水兼用，产量高。每亩平均产量 150~200 千克，最高产量 280 千克。

七、青海三号

青海省农业科学院育成。株高 120~150 厘米，有效分枝 2~3 个，株形紧凑。春播蚕豆品种具有产量高、品质好、粒径大、分枝力强、结荚位低、荚长而厚，略呈弯曲状。种皮乳白色，100 粒重约 160 克，籽粒蛋白质含量 24.3%，脂肪含量 1.2%。根系抗倒伏性强，耐水、耐肥，适宜在温暖气候下种植，灌溉条件好。每亩最高产量为 400~450 千克。是前春蚕豆区的一个流行品种。

第三节　蚕豆的栽培技术

一、北方蚕豆的栽培技术

（一）轮作和间、套种的栽培模式

1. 轮作

蚕豆不宜重茬连作，连作常使植株矮小，结荚减少，病害加重，产量降低。蚕豆一般只能种一年，最多只能连作两年。所以，合理轮作是蚕豆高产的关键。北方春播地区，一年一熟为主，其轮作方式有：小麦→小麦→蚕豆、小麦→玉米→小麦→蚕豆、小麦→蚕豆→马铃薯→玉米。不论哪种轮作方式，其共同的原则是因地制宜，安排好蚕豆与其他作物的种植面积比例，发挥优势，促进各种作物持续稳产、高产。另外，除冬作物之间应轮作外，蚕豆的前作与后作不应为豆科作物，这不但能增产，还能减轻病害。

2. 间、套种

为充分利用土地和光照，蚕豆常与非豆科作物实行间套种。例如蚕豆与小麦、马铃薯间作，与水稻、甘薯、棉花套种。此外，还可在果园中、田埂上种蚕豆，收获青豆，茎叶作绿肥也十分普遍。

（二）栽培技术

1. 整地、播种

蚕豆是深根系作物，在疏松肥沃的土壤中才能发育良好。北方春播蚕豆利用冬闲地，应在冬前深翻地晒垡。秋茬作物收获后要深耕15～20厘米，播种前再浅耕7～10厘米，并进行耙地，使下层土壤紧密，上层土壤疏松，有利于消灭杂草，减少土壤水分蒸发。

选粒大、饱满，色泽鲜明，无病虫害，符合本品种特性的老熟籽粒作种子。播种前将种子曝晒 1~2 天，以提高发芽率，提早出苗。根据春蚕豆生长发育对温度的要求，掌握当地气温回升的快慢，当气温稳定在 0~5℃时，力争适时早播，可提高产量。海拔 1 600~1 800 米的地区，在 3 月上旬气温已稳定通过 0℃，海拔每升高 100 米，稳定通过 0℃的日期推迟 2~3 天。因此，可用此方法推算出本地区蚕豆适宜的播种期。春蚕豆的适宜播种期一般是 3 月上旬至 4 月上旬，8~9 月份收获，全生育期 100~150 天。

播种方法可采用开沟条播和点播。点播行距 40~50 厘米，株距 30~35 厘米。条播行距一般 50 厘米，以宽窄行播种为宜。宽行 50~60 厘米，窄行 20~30 厘米，株距 15 厘米。蚕豆子叶大，不出土，一般播深 7~10 厘米。如为间、套种，株行距视作物而定。

2. 田间管理

（1）灌溉。每年 11 月至翌年 5 月是北方地区的旱季，这时风大，水分蒸发量大，土壤干旱，即使在 6~9 月的雨季，有的地区降雨量也很少，因此有无灌溉条件对蚕豆的产量影响很大。蚕豆各生育期要求土壤有不同的水分状况，通常苗期需水较少，开花结荚鼓粒期需水最多，成熟期需水又较少。花期是春蚕豆需水的临界期，此时特别应保持一定的土壤湿度，否则会严重影响花荚正常生长发育，导致大量落花，影响产量。

（2）合理施肥。首先施足底肥，增施磷、钾肥。每公顷施厩肥 22 500~30 000 千克、磷肥 300~375 千克、草木灰 3 750~7 500 千克。春蚕豆幼苗期根瘤尚未形成和固氮时，需从土壤中吸收氮，特别是薄地，一般应施入少量速效氮肥，以促进根系和幼苗生长。开花结荚期重施花荚肥，有利于保花、增荚、增粒重，是提高蚕豆产量的一项重要措施。一般以初花期施肥为宜，每公顷施尿素 75~150 千克、过磷酸钙 150~225 千克，缺钾地块还要增施钾肥。

开花结荚期还可采用叶面喷肥（根外追肥）的方法，增产效果明显。具体方法是：将过磷酸钙以 1∶5 的比例浸泡在水中，搅拌均匀，放置一昼夜，再将上部澄清液全部倒出，加水配成 1%~2%的水溶液，过滤后即可喷施。喷 2~3 次。叶面喷施一般在阴天或晴天 17 时以后进行，此时已避开开花高峰期，水分蒸发也较慢，有利于叶面吸收。如喷肥后降雨则要重新喷施，因雨水冲刷后会丧失肥效。

（3）中耕除草。当幼苗高达 7~10 厘米时，进行第一次中耕除草，应在行间耕深些，植株周围耕浅些，要耕遍耕细。第二次中耕在开花之后封垄之前进行，注意勿碰落花朵影响结荚。

图 9-2　蚕豆中耕除草

（4）摘顶。适时摘顶也是春蚕豆的高产措施之一，但操作方法一定要得当。摘顶时间一般在盛花期，以主茎的 1~2 层花序出现时进行最好，并应注意以下几点：①摘顶要在晴天进行，否则易发生霉烂。②摘蕾不摘花，已开花或快开花的节位处不摘。③叶片展开的部位不宜摘，摘顶尖要以看不见茎空心为宜，即只摘去顶尖实心部位，以免雨水灌心，造成不良影响。

3. 采收

适时采收是确保鲜豆商品性、最大限度提高产值的关键。当豆荚饱满、豆粒充实、籽粒皮色呈淡绿色、种脐尚未转黑为最佳采收期。一般自下而上采收 3~4 次，每次间隔 7~8 天，至成熟前结束。采收时不要使茎秆受伤，以免影响后期植株生长。采收、运输、上市要做到及时、迅速、轻装卸、薄堆放。需长途运输的鲜豆荚，宜在下午豆荚水分相对较低时采收。鲜荚最忌在烈日下堆压闷放。雨天采收后更不可高堆重压，否则籽粒水渍斑加重，品质下降。

如果采收老熟豆，当蚕豆中下部豆荚变黑褐色而表现干燥状态时，即应收获。如等全部豆荚变黑再收，则下部荚常因高堆重压，豆粒散出，影响产量。采收后最好连茎秆一起晒干或风干，然后再脱粒，切勿湿荚脱粒、暴晒，以免影响粒色和品质，降低商品等级。

二、南方鲜食蚕豆栽培技术

（一）土地选择

蚕豆对土壤的适应性较广，但为求优质高产，仍应选择土壤含有机质在 1%~5%以上，土层深厚、排水良好的黏质壤土或沙质壤土，较能获得理想收成。蚕豆产区应远离污染严重的化工厂、油漆厂或造纸厂，一般不少于 10 千米，以防止空气污染和水资源污染对其质量的影响；未发现有明显农药污染、生物化学物质污染和放射线物质污染；未发现土壤有明显缺素症状，具有农产品优质生产的基本条件。

蚕豆生产地应为前两茬未种过豆科作物的土地，以有效控制豆类作物根腐病和豆类作物化感物质对蚕豆根系生长的障碍。必须与非豆科植物实行 3 年以上轮作，水稻田亦需间隔一年，因为蚕豆根瘤菌分泌的有机酸在土壤中积累，不利于根瘤菌发育。有条件时尽可能实行水旱轮作，以减少病、虫、草害发生基数，减少田间用药次数和剂量。改良土壤理化性状，增强土壤有机养分矿质化、有效化和营养持续化。前茬作物多为水稻、玉米、棉花、白菜、萝卜，后茬多为瓜类、甘薯、包菜、花椰菜等。也可与小麦、油菜、芥菜等间套作，间种于幼龄的果树及桑树空隙地，可以充分利用土地提高地力。合理轮作是节约能源、保护环境、促进农业持续发展的重要举措。

（二）整地作畦

蚕豆根系入土较深，大田收完前茬作物，应深耕 20~25 厘米，若地力较差，保水弱，可做成平畦，低湿黏质土可做成狭高畦，每畦播种 1 行，若排水较好，可做成连续沟宽 1.3 米的高畦，播种数行，行距 26 厘米，株距 16~20 厘米。实行宽窄行配置，做到密中有稀，稀中有密，促进群体增产。宽行 70~80 厘米，窄行 50 厘米，穴距 20 厘米，穴播 2~3 粒种子。高产栽培下的蚕豆水系，应是墙沟、排水沟、纵沟三沟配套，畦宽 2.6 米，墙沟宽 40 厘米，深 50 厘米，排水沟宽 60 厘米，深 70 厘米，田间每隔 40 米开一条纵沟，纵沟宽 50 厘米，深 60 厘米，确保雨住田干，不留积水。

整地时，应施足基肥，亩施腐熟堆厩肥 1 500~2 000 千克、过磷酸钙和草木灰各 50 千克，或亩施 15+15+15（%）复合肥 50 千克，该复合肥可与充分腐熟的农家肥混合后，进行穴施，效果极好。灌水保墒促早发，在中国南方地区，适期播种的蚕豆（10 月初至 10 月 20 日）多值干旱时节，播后应及时蓄水保墒，促进早出苗，早生长，及早利用光能和地力。

（三）播种

蚕豆不耐严寒，长江流域及其以南地区冬季气温一般不低于-5℃，幼苗可在田间安全越冬，多行秋播，长江流域多在平均气温降到 9~10℃时播种；华南地区冬季气温较高，不存在冻害的问题，9~11月均可播种。秋播适时，春前有效分枝多，分枝健壮，春后荚多、粒多、粒重、高产，过早播种，植株生长过嫩，易受寒害；延迟播种，由于前期生育期短，营养体建成差，也影响产量。播种前进行粒选，选择符合所栽培品种的特征，粒大而宽扁，长度达2厘米左右，皮色淡绿的干粒作种，淘汰皮色发黑、豆粒小和有虫的种子。一般采用穴播，植株高大分枝多，生长旺盛的品种，在较肥沃的土壤上播种时，密度宜小些。一般行距80~100厘米，穴距33~34厘米，留双株或按25厘米株距条播。分枝少的品种，或在肥力较差的田块上，则可适当加大密度，行距40~55厘米，穴距20~30厘米，条播时株距12~15厘米，播种过密，通风透光不良，易落花落荚，导致减产，蚕豆适宜与粮、棉作物或蔬菜间作套种，以提高土地利用率。沙土播种偏深，黏土、壤土偏浅，一般每亩用种量为10~20千克。

（四）田间管理

蚕豆种子大，吸水力强，在秋冬雨水少、土壤干燥的地区，播种后1~2天要充分供水，可促进早发芽，早齐苗。冬前幼苗生长达3~4片真叶时，豆种所贮养分消耗殆尽，而根瘤尚未形成时，如幼苗生长缓慢，叶色转黄，应及时追肥，促进早分枝，多分枝，使前期生育良好，每亩可追施用人畜粪尿750千克或硫酸铵10千克左右。

蚕豆苗期耐旱力强，中期耐旱力弱，开花期是干旱临界期，干旱地区灌溉增产显著，故秋播，第二年早春的中耕保墒和开花期的浇水，是增产的关键。现蕾开花前，开始浇小水，结合浇水追速效氮肥，加速营养生长，促进分枝，随后松土保墒，待基部荚果已坐住，浇水量可稍大，并追施磷、钾肥，结荚果数目稳定，植株生长减缓时，减少水量，防止倒伏。苗期在未封行前需进行中耕，增强土壤保水和通透性，为根系和根瘤发育创造良好的条件，中耕的同时结合除草、培土、整畦、清沟，以利排灌，若培土时增施钾肥，可提高植株的抗寒能力。

花荚期由于营养生长和生殖生长均很旺盛，施用钾肥可减少落叶、落荚，但应注意氮、磷、钾的全面配合，偏施氮肥，茎叶徒长，影响坐荚。此外，在始花期追施一定的钾肥，或喷施 200 毫克/千克的增产灵，对提高结荚、稳荚率有较好的效果。

蚕豆比豌豆耐湿、耐盐，能在水田畦畔上间种，但如土壤过湿，也易发生立枯病和锈病，在有机质多、保水保肥力强而较湿润肥沃的黏质壤土中生长良好。

秋播蚕豆的植株，主茎开花结荚数少于基部 1~2 个分枝的结荚数，坐果率也低，因此摘除主茎顶端及其少量花荚，可改善体内营养状况，增加分枝及其花荚数，延长开花期，提高坐果率。

蚕豆植株有近一半的分枝为不显蕾、不开花、不结实的无效分枝，过多的分枝将会使植株营养生长过旺，消耗营养物质多，限制产量的提高。合理整枝可改善田间通风透光条件，减少病虫危害和养分的过多消耗，调节植株内部养分的合理分配，保证蕾、花、荚营养良好，提高坐果率，增加粒重和促进早熟。

根据蚕豆有 6~7 个小叶组成的复叶出现时（约 16 节左右），是不孕花开始产生的标志特征，可以在 16 节左右时摘心，方法是摘去茎顶 3~6 厘米。摘心要在晴天阳光下进行，以免阴天伤口不易愈合而引起腐烂。

（五）及时采收

蚕豆多为有限结荚习品种，因为它是典型的快日照作物。春天，日益缩短的黑夜强烈地刺激着它开始生殖生长，因此大多数品种均在 4 月中下旬开花，6 月初成熟，采收鲜荚的最佳时期为盛花后 25 天左右，必须做好采收和鲜荚加工的各项准备工作，以便在最佳采收期集中采收，集中加工。还要根据食用青豆粒和干豆粒而掌握好适宜的采收时期，才能保证优良的品质。

食用青豆粒的若采收过迟，豆粒中糖分和维生素 C 明显减少，淀粉增加，品质变劣。青荚在植株下部叶片开始变黄、中下部嫩荚已充分长大、荚面微凸或荚背筋刚明显褐变、豆荚开始增重、种子已肥大但种皮尚未硬化时，分 2~4 次收获。干豆粒在中下部荚果变黑褐色且干燥时采收。

图 9-3　及时采收

蚕豆采收后余下的豆秆是很好的饲料，可切碎后加盐、加压，制成青贮饲料，加盐比例一般为蚕豆茎秆重量的 0.4%~0.5%。也可整株拔起后切碎，埋入土中，是极好的有机肥料。据分析，亩产 1 000 千克鲜豆荚，相应的新鲜茎秆有 2 000~2 500 千克，埋入土中产生的肥力相当于 30 千克复合肥，而且是一种很好的平衡肥料。合理利用这种宝贵的绿肥，是试验区农业持续发展的重要手段。

第十章　大豆的栽培技术

第一节　大豆的生物学特点及对环境的要求

图 10-1　大豆

大豆原产于中国，古代称菽，是中国重要粮食作物之一。在中国各地均有栽培，东北地区为大豆的主产区。大豆是一种其种子含有丰富植物蛋白质的作物，现广泛栽培于世界各地，以其 35%~40% 的蛋白质含量，常用来做各种豆制品、榨取豆油、酿造酱油和提取蛋白质。

一、大豆的生物学特性

大豆是豆科大豆属的一年生草本植物，高 30~90 厘米。

（一）叶

大豆叶有子叶、单叶、复叶之分。子叶（豆瓣）出土后展开，经阳光照射即出现叶绿素，可进行光合作用。子叶展开后 3 天，随着上胚轴伸长，第二节上先出现 2 片单叶，第三节上生出 1 片复叶，多数品种为三片复叶。大豆复叶由托叶、叶柄和小叶三部分组成。托叶 1 对，叶片小而狭长，着生在茎和叶柄相连部位的两侧，对腋芽的生长起到保护作用。大豆小叶的性状和大小因品种而异。叶形可分为椭圆形、卵圆形、披针形和心脏形等。

（二）茎

大豆的茎分为主茎和分枝两种，各品种大豆多有较为明显的主茎，高度为50~100厘米，矮者只有30厘米，高者可达150厘米，直径6~15毫米。主茎一般具有12~20节，但有的晚熟品种有25节，有的早熟品种仅有8~9节。大豆幼茎有绿色和紫色两种，绿色的茎一般开出的白色的花，紫色的茎一般开出紫色的花。茎上着生有灰白色或棕色的茸毛，茸毛多少和长短因品种而异。主茎基部的腋芽常分化为分枝，多者可达10个以上，少者1~2个或不分枝。分枝与主茎的角度、分枝的强弱和数量多少都决定着大豆品种的株型。按照分株和主茎角度的不同，可分为张开、半张开和收敛三种类型；按分枝的多少、强弱，又可将株型分为主茎型、中间型、分枝型三种。

（三）花和花序

大豆花序着生在叶腋间或茎顶端。一个花序上的花朵通常是簇生的，每朵花由苞片、花冠、花萼、雌蕊和雄蕊构成；有两个很小的苞片，其上是花萼，下部联合成杯子状。大豆花冠为蝶形，位于花萼内部，由5个花瓣组成，花冠的颜色分白色、紫色两种。雄蕊共10枚，其中9枚的花丝连在一起成管状，1枚分离；花药着生在花丝的顶端，花柱的下面是子房，里面有1~4个胚珠，也有的为5个，但是以2~3个的居多。大豆是自花授粉的作物，花朵开放前即已完成授粉，天然杂交率不到1%。

（四）荚

大豆荚由子房发育而成。荚的表皮被茸毛，个别品种无茸毛。荚色有草黄、灰褐、褐、深褐以及黑色等，豆荚的性状有弯镰刀形、直形和弯曲程度不同的中间性状等。每荚多含2~3粒种子。

（五）根与根瘤

大豆的根系为直根系，由主根、支根和根毛组成。根毛密生使根具有巨大的吸收表面（一株约100平方米）。大豆的根系可以与地上部分一起生长，直到大豆的地上部分不再生长为止，根量的80%集中在5~20厘米土层内；主根入土深度可达60~80厘米，在地表下16厘米以内比较粗壮。

支根和主根上生有较多的根瘤，主要生长在距地面20厘米以上的土层中。根瘤有单生和丛生两种，质地坚硬，呈球状，颜色鲜润，微带淡红色。根瘤菌生长发育所需的营养来自大豆的光合产物，反过来，根瘤菌固定空气中的游离氮素，除自身需要外，将多余部分供给大豆生长发育。据测定，一季大豆根瘤菌产生的固体氮量约为6.45千克/亩，占一季大豆需氮量的59.64%，这是大豆氮肥需求的重要来源。

（六）种子

大豆种子的寿命，一般只有2~3年；成熟期高温多湿，贮藏时水分大，会削弱种子的生命活力。日均温低于5℃的时候，种子处于休眠状态；日均温在6~7℃的时候，才开始萌动发芽，但生长速度极为缓慢；日平均温度稳定上升到10℃以上时，播种后第十天只有部分种子发芽；当日平均温度达到18~20℃，大豆种子发芽最为适宜，播种4天就可以出苗，6天秧苗就可以长齐。大豆种子在发芽的时候，一般都需要吸收种子本身重1.2~1.5倍的水分。因此，在北方春旱地区播种前应注意保墒，使土壤有足够的水分，以利于种子发芽出苗；在雨水多的南方，播种时如果雨水过多，应注意大豆田开沟排水工作。充足的氧气供应可以促进种子呼吸，促使种子内部的养分向可溶性物质转化，利于胚的生长。因此，播种时要求整地质量高，土壤平坦疏松，同时掌握适宜的播种深度，以利出苗。

二、大豆对环境的要求

1. 温度

大豆是个喜温的作物，在温暖的环境下生长良好。发芽最低温度在6~8℃，以10~12℃发芽正常；生育期间以15~25℃最适宜；大豆进入花芽分化以后温度低于15℃发育受阻，影响受精结实；后期温度降低到10~12℃时灌浆受影响。全生育期要求1 700~2 900℃的有效积温。大豆的幼苗对低温有一定的抵抗能力。一般温度在不低于零下4℃时，大豆幼苗只受轻害，超过零下5℃时幼苗全部受冻害。幼苗的抗寒力与幼苗生长状况有关，在真叶出现前抗寒力较强，真叶出现后抗寒力显著减弱。

2. 光照和光周期

大豆是喜光作物，对光照条件好坏反应较敏感。由于大豆花荚分布在植株上下部，因此上下部各位置叶片都要求得到充足的阳光，以利于叶片进行光合作用，以便将有机养分输送到各部位花荚。所以栽培过程中要保证大豆群体生长植株透光良好，每层叶片都能得到较好的光照条件，进行光合作用，才能有效地提高产量。大豆是个短日照作物，就是说在一昼夜的光照与黑暗的交替中，大豆要求较长的黑暗和较短的光照时间。具备这种条件就能提早开花，否则生育期变长。这种对长黑暗、短日照条件的要求，只在大豆生长发育的一定时期有此反映，即当大豆的第一个复叶片出现时，就开始光周期特性反应。这种反应达到满足的标志，是花萼原基开始出现。从此之后即使放在长光照条件下也能开花结实，对光周期反应结束。大豆光周期反应的这一特性，在大豆引种时应特别注意。品种所处的纬度不同，对日照反应也不同。高纬度地区品种生长在日照较长的环境下，对日照反应不很敏感，属中晚熟品种。因此由北向南引种会加速成熟，半蔓型的会变直立，植株变矮，结实减少。相反由南向北引种，会延长生育期，植株变得高大，所以南北不宜大幅度调种。

3. 水分

大豆需水较多，每形成 1 克干物质，需耗水 600~1 000 克，比高粱、玉米还要多。大豆对水分的要求在不同生育期是不同的。种子萌发时要求土壤有较多的水分，满足种子吸水膨胀萌芽之需，这时吸收的水分，相当种子风干重的 120%~140%。适宜的土壤最大持水量为 50%~60%，土壤最大持水量低于 45%，种子虽然能发芽，但出苗很困难。种子大小不同，需水多少也不同。一般大粒种子需水较多，适宜在雨量充沛、土壤湿润地区栽培；小粒种子需水较少，多在干旱地区种植。大豆幼苗时期地上部生长缓慢，根系生长较快，如果土壤水分偏多根系入土则浅，根量也少，不利形成强大根系。这时以土壤增加温度，通气性好于根系生长有利。开花结荚期，大豆植株生长最快，需水量增大。要求土壤保持足够的湿润又不要雨水过多，气候不湿不燥，阳光充足。初花期受旱，营养体生长受影响，开花结荚数减少，落花、落荚数增多。从结荚到鼓粒时仍需较多的水分，否则会造成幼荚脱落和秕粒、秕荚。大豆从初花期到鼓粒初期长达 50 多天的时间内，一直保持较高的吸水能力。农谚有“大豆干花湿荚，亩收石八；干荚湿花，有秆无瓜。”说明水分在大豆花荚、鼓粒期是十分重要的环境因素。大豆成熟前要求水分稍少。而气温高，阳光充足则能促进大豆籽粒充实饱满。

4. 土壤及养分

大豆对土壤适应能力较强，几乎所有的土壤均可以生长，对土壤的碱度适应范围（pH 值）在 6~7.5 之间，以排水良好、富含有机质、土层深厚、保水性强的壤土为最适宜。大豆在田间生长条件下，每生产 50 千克籽粒，需吸收氮素 3.6 千克、磷 0.6~0.75 千克、氧化钾 1.25 千克。比生产等量的小麦、玉米需肥都多。大豆不同阶段吸肥速度和数量与干物质积累相适应。初花期至鼓粒期的50多天中，大豆一直保持较高的吸肥能力。从分枝期到鼓粒期吸收氮素占全生育期吸氮总量的95.1%，每日吸氮量以盛花到结荚期为最高。这个时期吸收磷也是最多，达全生育期吸收磷总量的1/3，其次吸磷多的时期是苗期和分枝期，占总量的1/4。因此在大豆栽培中除了播种前在土壤中增施磷肥外，在生育期间叶面喷磷肥，增产效果很明显。对氮肥的供给则应以有机肥作底肥，并在始花期（大豆吸氮高峰开始时期）追施氮肥，增产效果显著。

第二节 大豆的品种

一、中黄301

属于有限结荚品种，一般生育期为105.3~109.5天。该豆种的株型十分紧凑，植株高度一般为66.1~83.8厘米，叶片呈椭圆形，有效分枝2.2~2.4个，主茎节数14.6~17.2个。植株外貌为紫色的花，灰色的毛，灰褐色豆荚。单株有效荚数一般为47.2~54.2个，单株粒数为96.4~115.7粒，百粒重18.6~19.5克。它的籽粒为圆形，黄种皮，脐呈浅褐色。成熟时，植株的落叶性很好，倒伏为0.5级。对大豆花叶病毒病SC3表现抗病、SC7表现抗病，蛋白质含量为42.63%~43.40%，脂肪含量20.30%~20.5%。平均亩产200千克左右。适宜黄淮海地区夏播。

二、中黄911

幼苗叶片绿色，披针叶，幼茎紫色。株高84厘米，主茎16节，分枝0.4个，紫花、披针叶、灰毛、亚有限结荚习性。荚微弯镰形，荚熟色褐色。籽粒圆形，黄种皮，黄色脐，百粒重

17. 4 克。抗性鉴定，中抗大豆灰斑病，中感大豆花叶病毒 SMV Ⅰ号株系，感大豆花叶病毒 SMV Ⅲ号株系。品质分析，籽粒含粗蛋白 39. 74%，粗脂肪 19. 80%。2016 年参加极早熟组区域试验，平均亩产 130. 4 千克，比对照增产 7. 1%；2017 年参加极早熟组区域试验，平均亩产 159. 5 千克，比对照增产 3. 9%；2018 年参加极早熟组生产试验，平均亩产 175. 4 千克，比对照增产 5. 0%。适宜在内蒙古自治区≥10℃活动积温 2 100℃以上地区种植。

三、冀黄 13 号

冀黄 13 号是有限结荚品种，株高约为 100 厘米，底荚高度约 18 厘米，主茎节数较多，单株分枝数 1~3 个。根系发达，茎秆坚韧，直立型生长。株型紧凑，披针形叶，白花，棕毛，棕荚。种皮黄色，圆粒，褐脐，籽粒有光泽，百粒重 19. 9 克。该品种抗病抗倒伏，河北省夏播生育期 103 天，西北春播区生育期 139 天。此品种在黄淮海北部夏播区域和西北部春播地区都可以播种。

四、中黄 24

该品种具有限结荚习性，均匀型。株高 94 厘米，株型收敛，紫花，棕毛，长叶形，种皮黄色，有细微的光泽；粒型椭圆，脐褐色；抗病性和抗倒伏性都非常好，生育期 106 天，成熟后不裂荚。适宜在黄淮海中片地区，尤其适宜晋西南、鲁东北、冀南、陕中南地区种植。

五、齐黄 26

齐黄 26 号是有限结荚大豆，植株直立收敛，株高约 75. 3 厘米，分枝数为 2~5 个，单株有效结荚 46 个，底荚高约 12. 6 厘米，单株粒数 99. 2 粒，单株粒重 17. 7 克。圆叶，白色花，棕色茸毛，圆形籽粒，黄色种皮，褐色脐，百粒重 23 克左右。抗花叶病毒病及霉霜病。植株抗倒伏性较好，不裂荚，属于中晚熟的大豆品种，生育期为 105 天。适宜在山东中部和山东西南部两大大豆产区及河北、河南、安徽、江苏等地夏播种植。

六、晋豆 19 号

株高 80~100 厘米，主茎节数 23 个，分枝 2~3 个，植株性状合理，结荚数多而密，茸毛黄色，紫花，叶椭圆、尖端狭长，光合效率高，粒较大，百粒重 22~25 克，种皮黄色，有光泽，脐蓝色；耐湿、喜水肥，抗大豆花叶病毒病，抗紫斑病，抗大豆食心虫，适应性广。品质优良，蛋白质含量约为 40.62%，脂肪含量约为 24.39%，春季播种的生育期为 125~130 天，夏季播种约 95 天左右。适宜北方春大豆区的山西、河北、陕西北部、新疆、甘肃、宁夏春播；黄淮海地区的山西、陕西南部，河北中南部、天津、山东、河南、江苏夏播。

七、郑 1307

由河南省农业科学院经济作物研究所选育的非转基因大豆新品种。夏播种植，全生育期 104 天，平均株高 75.9 厘米，有效分枝 1.6 个，底荚高度 17.1 厘米，有限结荚习性，紫花、灰毛、籽粒圆形、种皮黄色，有光泽，种脐褐色。具有适应性好、茎秆粗壮、根系发达、抓地牢固、抗倒能力强、抗病性好、结荚集中、落叶好、籽粒大小适中、适合机械收获等优点。在黄淮海地区夏播种植，平均亩产 240 千克，地力较高管理好亩产能达到 275 千克以上。适宜在山东南部、河南南部、江苏和安徽两省淮河以北等地区夏播种植。

第三节　大豆的栽培技术

一、选择优质大豆品种

要想保障大豆健康生长，除了科学种植技术、自然环境和田间管理外，最重要和基础的步骤就是大豆良种的选择。目前，市场上大豆种类较为多样，农民在挑选时较为盲目，为确保种植质量，要选择种粒饱满、富含脂肪的种子，还需要充分考虑种植地土壤条件、气候体检、地理条件及温度等，选择成活率高的大豆品种。选择良种时，要重视种子病虫害抵抗能力，避免种植期间出现大面积病虫害，导致产量减少、质量下降。

二、科学处理种子

在实际播种之前，需要对种子采取科学处理方法。一方面可将种子筛选和晾晒，选出净度在98%以上、发芽率在85%以上、含水量不超过12%且无病虫害的优质种子，挑出病粒、小粒、虫蛀粒、破瓣粒、秕粒等；另一方面，在播种之前将种子适当晾晒，提升发芽率。对种子进行科学处理，采用包衣技术，根据种子重量选取适量种衣剂进行搅拌，在种子周围形成一圈保护屏障，避免病虫害侵害，种衣剂内的激素和微肥还能起到施肥和刺激根系生长的作用，效果可持续45~60天。

三、精耕细作

1. 整地

在整地过程中，可根据土壤条件选择对应整地方法，一般以深松为主，结合使用旋耕机进行整地。采用“三垄栽培”技术，将地块分为垄底、垄体与垄沟3层，每年的4月上旬可以开始顶浆打垄，当土壤化冻深度达到13厘米时，在垄底施入底肥，并及时镇压。注意要将整地深度控制在 20 厘米范围内，提升土壤通透性和保墒能力，以满足大豆种子生长条件。

2. 施肥

在施底肥时，以有机肥为主，因为有机肥富含矿质营养和有机质，能够改善土壤结构、提升土壤肥力，为大豆生长提供充足的养分。在正常情况下，农家肥是较为优质的有机肥，一般需要施有机肥 1 500~2 000 千克/公顷，针对较为贫瘠的土地，可适当增加肥料用量。在施过肥之前，需要深耕土地，将有机肥施入，随后，起垄地块，避免种子与肥料接触出现烧苗情况。

3. 轮作

在大豆种植过程中，为保障高产高质，需要制定科学计划，结合实际情况与玉米、小麦、油菜等作物轮作。

4. 优化种植技术

播种方式一般分为人工和机械种植两种。播种量一般为 75 ~ 90 千克/公顷或 60 ~ 75 千克/公顷，播放方式选用三垄种植或是条播方式，根据种植方式合理控制种植数量，通常情况下株距、行距控制在 15 ~ 20 厘米、40 厘米，留苗 18 万株/公顷，确保有效密植。机械化种植需要结合当地农业实际发展水平，在前茬作物收拾整理之后抢墒播种，合理控制种植深度，确保机械性能处于最佳状态，保障播种质量。此外，在种植之前，需要清理干净种子内各种杂物，确保种子大小均匀，具有较高发芽率。

图 10-2　大豆田间管理

四、大豆田间管理

（一）水肥管理

水分管理贯穿大豆生长的各个阶段，需要依据水分需求进行适当补充。在苗期阶段，对水分需求较少，随着大豆生长，蓄水量逐渐增加，倘若此时处于干旱时期或缺水地区，需要及时灌水，满足作物生长需求。在开花结荚阶段，大豆代谢速度较快，需水量也较大，倘若灌水量不能满足开花需求，就会因干旱出现大面积落花情况。在鼓粒到完熟阶段，实际蓄水量少，很容易出现干旱情况，一旦水分不足，就会出现萎蔫的情况，需要及时补充水分。针对部分水分稀少的地区，可用清粪水灌溉。在幼苗阶段和成熟阶段，抗涝能力较弱，要做好开沟排水操作，避免受到涝灾侵害影响产量。在大豆成熟收割阶段，需要及时将大豆收割，将大豆颗粒含水量控制在13%范围内，方可装箱出库。

追肥并不是一个必要环节，需要根据大豆生长情况决定，一般情况下，为确保大豆品质，可施加尿素7.5~10.0千克/公顷，结合第二次中耕操作，在垄侧开沟施肥。针对没有施加底肥或者种肥的田地，土壤肥力较弱，可以在大豆开花期施加一定氮肥及4~5千克/公顷的尿素。除此之外，还需结合实际，在大豆苗期和初花期施加一定量的锌肥和钾肥，如初花期补充浓度为0.2%的硫酸钾，开花期补充浓度为0.1%的甲酸，或者，在开花结荚期，通过叶面喷施的方法补充适量尿素、钼酸铵、磷酸二氢钾等，全面提升大豆整体产量。

（二）间苗整苗除草

1. 间苗和补苗

在大豆萌芽阶段，需要做好监管，根据生长情况及时进行间苗或补苗，确保幼苗具有良好生长形态；在开花期前后，为避免出现倒伏情况，需要采用中耕手段，以疏松土壤，提升作物抗倒伏能力；同时，在这一期间，大豆对养分需求较大，需要及时施加尿素，避免出现早衰的情况。

2. 整苗

在大豆生长期间，需要通过摘心打叶的方式控制大豆生长，防止出现徒长情况，尤其是大豆开花生长旺期或是末期，可及时摘除1~3厘米，提高最终颗粒的重量。针对生长郁闭较为突出的大豆，可以将叶片重叠部位稀疏化，改善大豆生长通风及透光条件，有效控制田间温度，提升生长质量。

3. 杂草防除

除草可分为早期和后期两个阶段，在大豆种植过程中，为实现高产稳产，需要结合耕作制度、栽培技术和环境条件选用适宜杂草防除技术。大豆田间常见的杂草主要有稗草、狗尾草、铁苋菜、菟丝子等，自播种开始至8月末，杂草处于持续生长状态，需按照不同生长阶段，采取相应处理措施。在大豆生长早期阶段，一般在大豆2片复叶期之前，多采用播前除草和芽苗期耙灭草。例如，播前混土处理，在播种前将出除草剂施加在耕地表面，用圆盘耙交叉耙2次，耙深10厘米就能将除草剂均匀混入3~5厘米的浅土层中。

中期除草以中耕为主，多采用行间除草，如刺儿菜、稗草、狼把草等。后期除草，以化学除草为主，主要采用克劳灵与虎威混合使用的方法，或者选用菜灵通，吸收快、见效快，杂草会在3~5天内变黄，7~10天内死亡，且安全性高，对作物和后茬无影响。可单独使用，也可与其他除草剂混用，具有良好除草效果，但需要严格控制除草剂剂量，避免不同种类除草剂混用，避免大剂量使用。选择高毒性除草剂，当用量较大时，会失去选择性产生药害，造成作物严重损害。要尽量使用低毒性除草剂，合理配置药剂比例，防止损害大豆本身。

（三）大豆开花结荚期管理

1. 防止花荚徒长

在大豆花荚期水肥充足的情况下，很容易发生徒长，造成大量养分无效消耗，降低开花结荚数量，严重影响后期产量。若出现大豆植株枝叶繁茂不透风，上部主茎花序少、下部主茎和分枝无花序、花荚少、果荚脱落，且植株上部叶片肥大、下部叶片变黄甚至脱落的情况，要及时采用植株整理和药物控旺的方法，抑制大豆植株旺长。

图 10-3　防止大豆花荚徒长

2. 防止植株倒伏

在这一时期，大豆植株呈高密状况，遇到大风大雨天气，倒伏出现概率较高，需要加强田间中耕松土管理，创造疏松通透的土壤环境，确保根系生长发达。严格控制追肥期氮肥使用量，多施加磷钾肥或者喷施矮壮素、优特多元生物菌，促进根系更好发展。

3. 防止脱肥早衰

根据大豆长势追施花荚肥，针对底肥较差、土壤肥力不足、长势不佳的耕地，可喷施平衡型水溶肥或优特多元生物菌，配施胺鲜酯，每间隔 7~10 天喷施 1 次，连续喷施 2 次，就能满足花荚期养分需求。

（四）大豆收获期管理

在收获期，需要严格把控收获时间和收获方式。避免大豆收获过早导致的营养不足，收获太晚造成的水分流失、颜色暗黄。最好选择植株叶和茎都变黄、大豆外壳脱落，且用手摇晃植株会发出清脆响声的时候进行收获。大豆是一种产量较高的作物，在山东地区种植面积较为广泛，可选用机械设备完成收获，选择适宜收割机规格和滚筒转数，收获后完成晾晒、通风、防潮、存储等工作。

图 10-4　大豆收获期

第十一章　豆类蔬菜的病虫害防治

第一节　豆类蔬菜的病害防治

一、菜豆病害

（一）菜豆锈病

本病由疣顶单胞锈菌侵染引起，属担子菌亚门，锈菌目。本菌属全孢型单主寄生菌，孢子具多型性，先后产生性孢子、锈孢子、夏孢子、冬孢子和担孢子，但在植株上最易看到的是夏孢子和冬孢子。病菌除为害菜豆外，扁豆和绿豆亦被侵染。

图 11-1　菜豆锈病

1. 发病症状

主要为害叶片，叶柄、茎和豆荚也被侵染。在叶片上初生黄白色或苍白色斑点，中部稍隆起，后变为黄褐色疱斑（病菌夏孢子堆），表皮破裂后，散出红褐色粉状物（病菌夏孢子），通常在叶片背面发生较多，发病后期夏孢子堆变为黑色，或在衰老叶片上另生黑色疱斑（病菌冬孢子堆），冬孢子堆表皮破裂后，散出黑褐色粉末状物（病菌冬孢子），发生多时，叶片早枯。在叶柄和茎上症状与叶片上的相似，但疱斑多呈长条状，荚上发生的孢子堆（疱斑）一般比叶上的大。

2. 发病原因

病菌主要以冬孢子随同病残体留在地上越冬，冬孢子萌发时产生担子及担孢子引起初侵染。但在植株生长期间，主要靠夏孢子通过气流传播进行重复侵染。温度 20～25℃，多云潮湿发病重，高温低湿发病轻，矮生种较抗病，蔓生种易感病。

3. 防治方法

采收后清除田间病残体，集中烧毁，重病区选种抗病品种。喷洒杀菌剂：25%粉锈宁可湿性粉剂 1 500～2 000 倍液；50%萎锈灵可湿性粉剂 1 000 倍液。

（二）菜豆细菌性疫病

本病由野油菜黄单胞菌菜豆致病变种侵染引起，病菌除侵染菜豆外，还为害扁豆、绿豆、赤豆等。

1. 发病症状

主要为害叶片，茎和豆荚也被害。叶片发病多从叶尖或叶缘开始，叶斑不规则形，褐色，病部组织干枯，半透明，周围有黄色晕环。天气潮湿时，病斑上常分泌淡黄色黏液（细菌菌脓），最后引起叶片枯死。茎上病斑条状，红褐色，稍凹。在豆荚上，初生暗绿色油浸状斑点，扩大后为不规则形，红色或红褐色，有时略带紫色，最后变为褐色的病斑，斑面凹陷，在潮湿环境下，斑面常有淡黄色菌脓。病种子种皮皱缩，有黑色微凹的斑点。

图 11-2　菜豆细菌性疫病

2. 发病原因

病菌主要在病种子内越冬，2~3 年仍具有生活力，播种带菌种子，长出的幼苗即是病苗，在其子叶及生长点上，产生菌脓，借风雨、昆虫传播，从植株的水孔、气孔及伤口侵入。病菌发育适温为 30℃。在适温范围内，植株表面有水滴或呈水膜状湿润，均有利本病发生。高温、高湿、密植不通风，雨水多，发病重。

3. 防治方法

播种前用 45℃温水浸种 10 分钟进行温汤处理。与非豆类作物轮作 2~3 年。加强田间管理，排除渍水，株行间通风透光。喷洒杀菌剂：78%科博可湿性粉剂 500~600 倍液；77%可杀得可湿性粉剂 1 200 倍液；12%绿乳铜乳油 600 倍液。每 10 天喷药一次，共 2~3 次。

（三）菜豆枯萎病

本病是由真菌引起的一种病害，寄主范围很窄，只为害菜豆属。

图 11-3　菜豆枯萎病

1. 发病症状

本病多在开花前后开始发生，植株叶片由黄变褐，全叶枯死、脱落。根部变色腐烂，容易拔起。如将茎基部纵切，可见其维管束呈褐色至黑褐色。发病后期整株枯死。

2. 发病原因

病菌主要以菌丝体随病残体留在地上越冬，并能在土中行腐生生活。种子也能带菌，播种带菌种子，长出的幼苗即是病苗。植株生长期间通过流水、土壤、耕作等传播，从根部伤口侵入，在植株的维管束组织的导管中生长发育，并向上扩展。温度 24~28℃，相对湿度在 70%上时，病害发生多，为害也严重。低于 24℃或高于 28℃时发病轻。

3. 防治方法

播种前，种子用 50%多菌灵可湿性粉剂拌种消毒，用药量是种子重量的 0.5%。选种适宜本地区种植的抗病品种，如丰收 1 号、锦州双季豆、九粒白、意大利豆、青岛豆、七一豆、北京百架豆、秋抗 19 号等。与非豆类蔬菜轮作 3~4 年。加强田间中后期管理，避免土壤过湿或雨后渍水。药液灌根，每株用 50% 多菌灵可湿性粉剂 1 000 倍液 250~300 毫升，每 10 天灌药一次，连续灌药 2~3 次。

（四）菜豆炭疽病

本病由真菌豆刺盘孢侵染引起，属半知菌亚门，黑盘孢目。病菌除为害菜豆外，还侵染扁豆、绿豆、蚕豆等豆科作物。

1. 发病症状

全生育期均可发病。苗期子叶病斑圆形。红褐色，凹陷，溃疡状。子茎病斑条状，锈色。成株叶片多发生在背面的叶脉上，初呈红褐色，后变为黑色至黑褐色条斑，相互连接，形成三角形或多角形。叶柄和茎上病斑褐锈色，细条状，凹陷和龟裂，有时病斑相互愈合，形成长条斑。荚上病斑圆形或近圆形，褐色至黑褐色，周缘明显，稍隆起，内部凹陷，外围常有红或紫红色晕环。潮湿时，斑面常分泌出粉红色黏质物（病菌）。种子病斑黄褐色至褐色，大小不一，略向下凹。

图 11-4　菜豆炭疽病

2. 发病原因

病菌主要以菌丝体在种子内越冬，带菌种子发芽后直接侵染子叶，孢子借雨水传播侵染。发病温度为17℃左右，相对湿度100%，如温度超过27℃，湿度低于92%，病害很少发生。一般蔓生种抗病，矮生种感病。温凉多湿（多雨、多露或重雾）的环境发病重。

3. 防治方法

选用无病种子。与非豆类蔬菜轮作2~3年。加强田间管理，排除积水，株行间通风透光。喷洒杀菌剂：65%代森锌可湿性粉剂500倍液；70%代森锰锌可湿性粉剂500倍液；75%百菌清可湿性粉剂600倍液；80%喷克可湿性粉剂600倍液；80%大生500倍液。每10天喷药一次，共2~3次。

（五）菜豆病毒病

病毒病是一种常见的豆类病害，多发于秋季露地栽培的蔓生菜豆，发病会对豆类结荚产生影响，降低产量。

1. 发病症状

病毒病是一种豆类在幼苗期到植株长成都会发生的病害类型，根据豆类品种不同、侵染的病毒种类不同、环境条件的差异以及植株的生长时期不同，一般可以有如下几种表现。

（1）叶片：叶片染病时一般都是幼叶最先发病，出现叶面凹凸不平、叶片褪绿、叶面边缘弯曲、叶片皱缩以及严重变形等症状。

（2）豆荚：荚果较小、结荚数量少、豆荚上出现深绿色的斑点状物质、成熟期延后等。

（3）植株：生长点坏死、萎缩、开花时间晚、落花现象严重等。

图 11-5 菜豆病毒病

2. 发病原因

病毒的传播主要是通过蚜虫和汁液接触，但是不同种类的病毒的种子带毒率不同，菜豆普通花叶病毒的带毒率为 30%～50%，黄瓜花叶病毒的种子不带毒。当外界的环境温度不同时，此病的外显症状也不相同。一般气温在 18℃的时候症状表现很轻微，20～25℃的时候有利于病毒病症状的显现，当气温高达 26℃以上时，植株表现出重度的卷叶、花叶或矮化。另外，土壤缺少肥料的供给，以及受到强光或长时间光照后，症状明显。

3. 防治方法

（1）适期早播早收，避开发病高峰，减少种子带毒率。适当密播。苗期进行浅中耕，使土壤通气良好。合理施肥，及时搭架引蔓，开花结荚期适量浇水、注意防涝，增强作物抗病力。

（2）蚜虫是病毒病的主要传播媒介，积极防治蚜虫是预防病毒病的有效方法。有条件时可覆盖防虫网。防治蚜虫的药剂：75%螺虫乙酯 · 吡蚜酮水分散粒剂 8～12 克/亩，或 60%吡蚜酮 · 呋虫胺水分散粒剂，或 15%阿维菌素 · 螺虫乙酯 20～45 克/亩。

（3）发病前至发病初期，可采用下列药剂进行防治：30%盐酸吗啉胍可溶性粉剂 900～1 200 倍液；0.06%甾烯醇微乳剂 30～60 毫升/亩；8%宁南霉素水剂 200～400 倍液。

二、豇豆病害

（一）豇豆根腐病

豇豆根腐病在各地菜区普遍发生，尤以连作地和低洼地为最重，感病植株可成片死亡，造成很大损失。

1. 发病症状与原因

根腐病一般在豇豆生长 5～6 周后发生。病株下部叶子发黄，从叶片边缘开始枯萎，但不脱落，拔出病株，可见主根上部与茎的地下部分变黑褐色，病部稍下陷，剖视茎部，可发现维管束变褐，病株侧根很少，或腐烂，潮湿时常在病株茎基部上产生粉红色霉状物。本病由菜豆腐皮镰孢菌侵染所致，病原菌可在病残体、厩肥及土壤中存活多年甚至腐生 10 年以上，故连作地发病重。

图 11-6　豇豆根腐病

2. 防治方法

实行轮作，避免连作，与白菜、葱蒜类行二年以上轮作。发现病株应即拔除，并在其病穴及四周撒消石灰，采用深沟高厢栽培，防止植株根系浸泡在水中。发病初期可用70%甲基托布津粉剂800~1 000倍液喷射植株茎基部，也可使用75%百菌清600倍液或70%敌克松1 500倍液，连喷2~3次，有一定防治效果。此外，定植后可用70%甲基托布津或50%多菌灵可湿性粉剂药土，撒在穴中，配合比例为一份药粉与50份干细土拌匀使用，每公顷用量15~22.2千克。

图11-7　豇豆煤霉病

(二) 豇豆煤霉病

豇豆煤霉病又称豇豆叶霉病，是豇豆、菜豆上比较重要的病害。主要为害叶片，茎蔓、荚也可受害。

1. 发病症状

开始在叶的正面或背面生细小紫褐色斑点，逐渐扩大成圆形成近圆形红褐色或褐色病斑，边缘不明显，病斑有时受叶脉限制，呈多角形，病斑的背面密生煤烟状的霉层，病斑一般无轮纹，也不穿孔。病斑多，相互连片时，引起早

期落叶，仅留顶部嫩叶，病叶小，结荚少。

2. 发病原因

豇豆煤霉病病菌为半知菌亚门真菌的豆尾孢菌。病斑上的霉层即是病菌的分生孢子梗和分生孢子。病菌以菌丝块随病残体在田间越冬，第二年产生大量分生孢子为初次侵染来源。侵源植株后，又在病斑上不断产生分生孢子在田间重复侵染。当温度 25~30℃，相对湿度 85%以上，或遇高湿多雨，或保护地高温高湿，通气不良，是发病的重要条件。

3. 防治方法

收获后及时清除田间的病株残体，集中烧毁。合理密植，保持田间通风透光，多雨季节，加强田间排水工作，降低湿度。保护地要通风透气，排湿降温。药剂防治。发病初期喷洒 50%速克灵可湿性粉剂 800 倍液，或 50%混杀硫悬浮剂 500 倍液，或 77%可杀得可湿性粉剂 500 倍液，或 14%络氨铜水剂 300 倍液喷雾，隔 6~8 天喷一次，连喷 2~3 次。

（三）豇豆疫病与细菌性疫病

1. 发病症状

（1）豇豆疫病症状。

主要为害茎蔓、叶和豆荚。茎蔓发病，多发生在节部，初呈水渍状，无明显边缘，病斑扩展绕茎一周后，病部缢缩，表皮变褐色，病茎以上叶片迅速萎蔫死亡。叶片发病，初生暗绿色水渍状圆形病斑，边缘不明显，天气潮湿时，病斑迅速扩大，可蔓延至整个叶片，表面着生稀疏的白色霉状物，引起腐烂。天气干燥时，病斑变淡褐色，叶片干枯。豆荚发病，在豆荚上产生暗绿色水浸状病斑，边缘不明显，后期病部软化，表面产生白霉。

图 11-8　豇豆疫病

（2）豇豆细菌性疫病症状。

主要为害叶片，也为害茎和荚。叶片受害，从叶尖和边缘开始，初为暗绿色水渍状小斑，随病情发展病斑扩大成不规则形的褐色坏死斑，病斑周围有黄色晕圈，病部变硬，薄而透明，易脆裂。叶片干枯如火烧状，故又称叶烧病。嫩叶受害，皱缩、变形，易脱落。茎蔓发病，初为水渍状，发展成褐色凹陷条斑，环绕茎一周后，致病部以上枯死。豆荚发病，初为褐红色、稍凹陷的近圆形斑，严重时豆荚内种子亦出现黄褐色凹陷病斑。在潮湿条件下，叶、茎、果病部及种子脐部，常有黄色菌脓溢出。

图 11-9　豇豆细菌性疫病

2. 发病原因

（1）豇豆疫病发病原因。

豇豆疫病属真菌性病害。由豇豆疫霉菌侵染所致。病菌以卵孢子、厚垣孢子随病残体在土中或种子上越冬，借风雨、流水等传播。温度在25~28℃，若天气多雨或田间湿度大时，会导致病害的严重发生。此外，地势低洼、土壤潮湿、种植过密、植株间通风透光不良等也会导致病害严重发生。

（2）豇豆细菌性疫病发病原因。

豇豆细菌性疫病属细菌性病害。由豇豆细菌疫病黄单胞菌感染所致。病菌在种子内和随病残体留在地上越冬。带菌种子萌芽后，先从其子叶发病，并在子叶产生病原细菌，通过风雨、昆虫、人畜等传播到植株上，从气孔侵入。高温、高湿、大雾、结露有利发病。夏秋天气闷热、连续阴雨、雨后骤晴等病情发展迅速。管理粗放、偏施氮肥、大水漫灌、杂草丛生、虫害严重、植株长势差等，均有利于病害的发生。

3. 防治方法

（1）豇豆疫病防治方法。

与非豆科作物实行3年以上轮作。

选用抗病品种，种子消毒处理。可用25%甲霜灵可湿性粉剂800倍液，浸种30分钟后催芽。

采用深沟高畦、地膜覆盖种植。避免种植过密，保证株间通风透光良好，降低地面湿度。雨前停止浇水，雨后及时排除积水。清洁田园，收获后将病株残体集中深埋或烧毁。

防治疫病关键技术是在雨季到来之前的5~7天施药，连续防治3次，每7天防治一次。施药方法：采用灌根与喷雾相结合，同时进行，一般每穴灌药液200~300克。可选用药剂有：72.2%普力克水剂1 000倍液灌根，800倍液喷雾；64%杀毒矾可湿性粉剂800倍液灌根，500倍液喷雾；58%甲霜灵锰锌（雷多米尔锰锌）可湿性粉剂 800 倍液灌根，500 倍液喷雾；80%大生可湿性粉剂 600 倍液灌根，400 倍液喷雾等。

（2）豇豆细菌性疫病防治方法。

选择排灌条件较好的地块与非豆科作物实行 3 年以上轮作，最好与白菜、菠菜、葱蒜类作物轮作。清洁田园收获后将病株残体集中深埋或烧毁。

选用抗病品种种子播前用福尔马林 200 倍液浸泡 30 分钟，或用农用硫酸链霉素 4 000 倍液浸泡 2~4 小时，再用清水洗净，或用 55℃温水浸种 10 分钟，防治细菌性疫病。

适时播种，合理密植科学肥水管理及时防治病、虫、草害，增加植株抗性。可用 72%农用硫酸链霉素可溶性粉剂 3 000~4 000 倍液，或 77%可杀得可湿性微粒粉剂 500 倍液，或 14%络氨铜水剂 300 倍液，或 65%代森锌可湿性粉剂 500 倍液，或 47%加瑞农可湿性粉剂 800 倍液喷雾防治。隔 7~10 天一次，连续 2~3 次。注意以上农药的安全间隔期。

三、大豆病害

（一）大豆霜霉病

1. 发病症状与原因

主要在开花结荚期发生。先在叶片上产生多角形或不规则形黄斑，边缘明显，叶背面产生灰白色霜霉层，其后病斑变为褐枯斑，有时造成穿孔，叶背面霜霉层变为灰褐色，也侵染豆荚，豆荚内充满菌丝体和卵孢子。在苗期感染时造成系统性发病，严重时造成主茎枯死。开花结荚期感染为次感染，只形成叶斑，不形成系统性发病。病原菌为东北霜霉，属鞭毛菌亚门真菌，卵孢子近球形，内含 1 个卵球。

图 11-10　大豆霜霉病

发生特点病菌在病残体上越冬。翌年，条件适宜时产生游动孢子，从子叶下的胚茎侵入蔓延，后产生大量孢子囊及孢子，进行再侵染，一般雨季气温在 20~24℃时发病重。

2. 防治方法

选用抗病品种，从无病地留种；实行 2 年以上轮作；清洁田园，焚烧病残体，及时耕翻土地；合理施肥、密植。药剂防治可在播种前用 600~800 倍杜邦克露稀释液浸种 1~1.5 小时。发现病株及时喷洒 600~800 倍杜邦克露或 12%绿铜乳油液，连续喷洒 2~3 次。

（二）大豆灰斑病

1. 发病症状

幼苗及成株均可染病。幼苗期发病，子叶上出现圆形或半圆形稍凹陷的红褐色病斑，病情严重时，可导致死苗。成株期叶片、茎秆、豆荚、籽粒均可发病。病斑初期为红褐色小点，后叶片上的病斑逐渐扩展成圆形，边缘红褐色。中央灰白色，天气潮湿时背生灰色霉层，后期病斑相互合并成不规则状，干燥时可导致中央开裂；茎秆上病斑呈菱形，中央灰褐色，边缘不明显，后期相互合并甚至包围整个茎秆，豆荚上病斑为圆形，中央褐色，边缘深褐色，后期也可合并成不规则状；籽粒上病斑红褐色稍凹陷呈圆形。菜用大豆灰斑病原菌为大豆尾孢菌，属半知菌亚门的真菌。分生孢子梗簇生，成束从菜用大豆气孔中伸出，淡褐色，不分枝，有膝状节；分生孢子呈棒状或圆柱状，无色透明，有多个隔膜。

图 11-11　大豆灰斑病

2. 发病原因

病原菌以菌丝体在菜用大豆种子或病残体中过冬，翌年春季菜用大豆种植后产生分生孢子，成为初侵染来源，分生孢子借风雨传播，侵染菜用大豆幼苗，造成幼苗染病。但由于 3~4 月幼苗期气温较低，所以幼苗期发病一般非常轻。以后病部产生分生孢子进行再侵染，随着气温回升，再侵染的不断进行，至 5 月中下旬雨季开始后，灰斑病即大面积流行。秋季种植菜用大豆，在发生灰斑病的田块留种，后期豆籽染病即造成种子带病。经过严格消毒处理的种子种植后病情比未经消毒的种子种植后病情轻，说明种子带菌情况是影响菜用大豆灰斑病发生的重要因素。适温高湿条件有利于灰斑病的发生，其适宜温度为 23~27℃，尤其温度适宜，且降雨季节与结荚期相吻合，导致豆荚染病严重。

3. 防治方法

一要选用无病种子。二要做好种子消毒处理。种植菜用大豆，必须严格选用优质无病的种子，播种前要做好种子消毒工作，可用50%多菌灵或福美双可湿性粉剂按种子量的0.3%～0.4%进行拌种。同时，每5千克种子可用20克微生态制剂一起拌种，可提高其抗病性。三要合理轮作。连续几年早季种植菜用大豆，晚季种植甘薯等旱作的田块灰斑病的发生比水旱轮作的田块重。低洼积水的田块灰斑病发生比通透性良好的山地病情重。春种比秋种的病情重。四要适度密植，提高群体抗病性。

(三) 大豆根腐病

1. 发病症状

大豆根腐病是大豆苗期常发的根部真菌病害的统称。主要可以分为以下三种类型。

(1) 镰刀菌根腐病。镰刀菌根腐病是三种根腐病中发生最为普遍和严重的一种，病苗的茎部和根部产生红褐色或褐色的长条状不规则的病斑，症状轻的可以后期恢复，发病严重时会出现植株矮小、须根不发达、部分坏死，下部叶片提前脱落等症状。

(2) 腐霉根腐病。腐霉根腐病在我国淮海和东海豆类种植区内经常发生，而且集中发生地域是土壤潮湿、积水十分严重的地块。这种根腐病的危害很大，一旦染病，就会在短时间内造成幼苗猝倒，甚至枯死。

(3) 疫霉根腐病。疫霉根腐病是多发于黑龙江部分地区的一种危害性很大的豆类疾病。发生地块同样大多具有潮湿多水的特点。这种病除了会引起幼苗腐烂外，还可以持续危害到分枝期，导致茎部出现深褐色病斑，最后病斑大面积蔓延，病株最后枯死。

以上三种可以致病的豆类根腐病都存在于豆田的土壤中，

镰刀根腐病菌更是常年在土壤中生长，等待时间入侵大豆植株。除了疫霉根腐病菌外，其他病苗的寄主范围都很广泛，更不利于此类疾病的防治。

3. 防治方法

（1）轮作。由于此类病菌大多生存于土壤中，只有彻底清除了土壤中残留的病残体，才可以减少这种疾病的发生。尤其是用于防治寄主范围小的病菌时，更是可以起到很好的防治效果。

（2）改进栽培方法。规范合理整地，及时消灭潜生虫源，按期播种，防止土壤板结，适量灌溉，防止大水漫灌，避免田间长期积水。这些措施都可以很好地防止根腐病的发生。

（3）化学防治。苗期发病初期可选用恶霉灵、多菌灵、福美双及其复配药剂，比如甲霜灵+恶霉灵、福美双+恶霉灵等，能喷雾也能灌根，一般灌根的效果要好于喷雾。同时，应及时喷施磷酸二氢钾、芸苔素内酯等叶面肥及植物生长调节剂，提高植株的抗病性。

四、豌豆病害

（一）豌豆细菌性叶斑病

1. 发病症状

本病为害豌豆的叶片、茎和荚。叶片发病，产生水渍状、圆形至多角形紫色斑，半透明。湿度大时，叶背现白至奶油色菌脓，干燥条件下产生发亮薄膜，叶斑干变成纸质状。茎部染病，初生褐色条斑。花梗染病，可从花梗基延到花器上，致花萎蔫，幼荚干缩腐败。荚染病，病斑近圆形稍凹陷，初为暗绿色，后变为黄褐色，有菌脓，直径 3~5 毫米。

2. 发病原因

此病由丁香假单胞菌豌豆致病变种侵染所致。病原细菌在豌豆、蚕豆种子里越冬，成为翌年主要初侵染源。雨后排水不及时、施肥过多易发病，生产上遇有低温障碍，尤其是受冻害后突然发病，迅速扩展。反季节栽培时易发病。

图 11-12　豌豆细菌性叶斑病

3. 防治方法

①建立无病留种田，从无病株上采种。②种子消毒。用种子取量 0.3%的 50%甲基硫菌灵可湿性粉剂拌种。也可进行温汤浸种，先把种子放入冷水中预浸 4~5 小时，移入 5℃温水中 5 分钟，后移入凉水中冷却，晾干后播种。③避免在低湿地种植，采用高畦或起垄栽培，注意通风透光，雨后及时排水，防止湿气滞留。④药剂防治。发病初期喷洒 72%农用硫酸链霉素 400 倍液、30%绿得保悬浮剂 500 倍液、12%绿乳铜乳油 600 倍液、47%加瑞农可湿性粉剂 800 倍液。

（二）豌豆褐斑病

1. 发病症状

主要为害叶、茎蔓和豆荚。在叶片上病斑圆形，淡褐色至黑褐色，边缘明显。茎上病斑椭圆形或纺锤形，凹陷。豆荚上病斑圆形，深褐色至黑褐色。各部位的病斑上均产生黑色小粒点（分生孢子器）。

图 11-13　豌豆褐斑病

2. 发生原因

病原菌主要以菌丝体和分生孢子在种子、土表和病残体上越冬，通过雨水和借风雨传播。植株发病后，病部可再形成分生孢子器和分生孢子，造成再次侵染。病原菌发育的温度界限为 8~33℃，适宜温度为 15~26℃，高温、高湿有利于该病的发生和蔓延。

3. 防治方法

选用抗病品种；实行合理轮作倒茬；精选无病种子；加强田间管理；药剂防治可在发病初期用 50% 苯菌灵可湿性粉剂 1 500 倍液，75% 百菌清可湿性粉剂 500~700 倍液，也可用 50% 甲基托布津可湿性粉剂 800 倍液或 50% 多菌灵 1 000 倍液及时喷雾防治。每隔 7~10 天喷雾 1 次，连续防治 2~3 次。

（三）豌豆黑斑病

1. 发病症状

豌豆黑斑病为真菌性病害。病原菌为害叶、茎蔓及荚果，茎感病多发生在基部，发病部位紫褐色或黑褐色，向四周扩展环绕茎部，常使叶片黄化，发病严重时造成整株死亡。受害的叶片初生黑褐色斑点，扩大后呈圆形病斑，周缘淡褐色，中央黑褐色或黑色，病斑上有 2~3 个不规则轮纹。荚果受害后黑褐色或褐色，圆形病斑上常有分泌物溢出，干后变粗糙呈疮痂状。

2. 发病原因

病原菌主要以菌丝体在种子上越冬，也可以子囊果或分生孢子器随病株残体在土中越冬，环境适宜时，子囊果形成子囊孢子，分生孢子器形成分生孢子，借风雨传播，再次侵染。荷兰豆播种过早，土壤湿度过大，施氮肥过压使植株发生徒长，或遇低温冷害侵袭等条件下易发病。

3. 防治方法

选用无病种子进行处理；合理轮作；采用栽培措施防治。选择排水良好的地块种植，采用高垄栽培，增施钾肥，提高植株抗病性。药剂防治可用 50%混杀硫悬浮剂 500 倍液叶面喷施防治，也可用 50%甲基托布津可湿性粉剂 800 倍液，或 75%百菌清可湿性粉剂 500~700 倍液等及时喷雾防治。重点喷雾部位为茎部及其周围土壤。此外平时要搞好环境卫生，清除病残杂叶和底部老叶，改善田间通风透光条件。

五、扁豆病害

（一）扁豆猝倒病

1. 发病症状

刚出土幼苗，地面上有明显的症状，幼苗突然倒地青枯而死。挖起病苗，可见近地表的茎部呈水烫样，变黄，外表皮缢缩，只剩下中间的疏导组织，呈线状。湿度大时，可在病株周围长出白色棉絮状菌丝，发病多从滴水处开始，形成中心发病点，然后迅速扩展。病情严重时，种子尚未萌动出幼苗即已腐烂。

2. 发病原因

该病属真菌病害，病菌以卵孢子在12~18厘米土层越冬，并可在土中长期存活。翌年春天条件合适时萌发产生孢子囊，以游动孢子或直接芽管侵入寄主，田间再传染主要靠病菌产生孢子囊及游动孢子，通过灌水或雨水形式传播。病菌生长适温为15~16℃，高于30℃受抑制，适宜发病温度为10℃，低温不利扁豆生长，却有利病菌生长。因此，春季育苗或直播，要特别注意对此病的防治。

3. 防治方法

猝倒病由低温高湿条件引起，出苗初期发生；立枯病由高温高湿条件引起，多发生在育苗中后期。防治方法是降低苗床湿度，床土消毒防治每平方米用50%多菌灵可湿性粉剂8~10克加干细土0.5~1.5千克拌成药土，于播种前撒垫1/3药土在苗床上，余下药土播种后撒施覆盖在种子上；苗期发病初期用50%甲基托布津可湿性粉剂600倍液喷洒幼苗和床面，隔5~7天1次，喷洒2~3次。

（二）扁豆立枯病

1. 发病症状

刚出土的幼苗和大苗均可能受害，茎基部分变褐，先变细缢缩，茎叶萎垂而死大苗经过白天萎蔫，夜晚恢复，反复几天后枯萎死亡。病部有淡褐色蛛丝状霉层，但不明显，病株叶变为淡绿色后变黄，最后枯死。此病由于多发生在幼苗木栓化以后，故死而不倒伏。

2. 发病原因

立枯病病原菌以菌丝体或菌核形式在土壤中越冬，度过不良的环境条件。该病菌腐生性强，能在土中存活2~3年，靠雨水或土壤中的水分流动传播。发病适温15~20℃，春季育苗时，如遇阴雨天气或通风条件差，保温不良，尤其是在浇水过多、苗床漏雨或塑料膜往下滴水等情况下，最易发病。

3. 防治方法

①浸种：用特立克600~800倍液浸种，种药比例为20∶1；②神农素浸种；③绿享3号浸种；④土壤消毒：病初期开始喷洒50%敌菌灵可湿性粉剂500倍液、20%甲基立枯磷乳油1 200倍液、36%甲基硫菌灵悬浮剂600倍液。

六、刀豆白粉病

1. 发病症状与原因

刀豆白粉病主要为害叶片，也可侵害茎蔓及荚果。叶片染病，初期叶背出现黄褐色斑点，扩大后，呈紫褐色斑，其上覆有一层稀薄白粉。病原为子囊亚门的。病由真菌白粉菌侵染所致。

2. 防治方法

通过轮作，合理密植等农业防治措施可得到有效控制。喷施石硫合剂、三唑酮等药剂防治。在生长中、后期如遇连阴雨要监测发生情况，零星见病时，及时用甲霜灵锰锌等药剂防治1~2次。

七、刀豆花荚脱落

（一）引起刀豆花荚脱落的主要原因

1. 营养因素

刀豆花芽分化较早，一般矮生型品种第一对复叶展开时就开始花芽分化。蔓生型品种展开两对复叶时即开始花芽分化。开花初期常因豆苗徒长，营养生长与生殖生长间争夺养分而发生落花落荚。有机肥料欠缺，偏施氮肥，磷、钾肥不足，致使根系发生少，入土浅，叶片多厚而嫩，蔓长而细。开花结荚盛期，全株花序间、花和荚之间争夺养分激烈从而导致晚开的花脱落。刀豆开花结英期间要求较强的光照，光饱和点在4万~5万勒克斯，光补偿点1 500勒克斯。若栽植密度过大，支架不当，往往会造成枝叶间相互遮挡，光照减弱，同化物质积累减少，从而导致植株抗逆能力明显下降，花器官发育长期营养不足，很多花在肉眼尚看不到的时候就脱落，开花盛期，落花落荚更为严重。

2. 外界环境因素

（1）温度的影响。

刀豆落花落荚与气温高低关系密切。生长发育最适宜的温度为20~25℃，开花期若遇28℃以上高温可能落花，30℃以上落花加剧，35℃以上落花率可达2/3左右，已开的花遇高温也会脱落或出现荚形不正。这是因为高温下植株体内同化物质主要运向茎叶从而减少了供应花荚的养分。28℃以上和15℃以下的温度均会降低花粉生活力造成花粉管的伸长速度缓慢或不能正常伸长，无法正常受精而导致大量落花。

（2）湿度的影响。

刀豆怕旱忌涝。花芽分化期若遇连续高温干旱天气，会使花粉母细胞减数分裂发生畸形，致使花药不孕或死亡而造成落花。花期雨多地涝，排水不畅，土壤积水空气湿度大，影响花粉散发而造成大量落花。

（二）预防刀豆花荚脱落的主要措施

1. 农业防治

（1）适期播种：刀豆性喜温暖气候。播种期是否适时对保花保荚具有关键性的作用。播种过早，气温低且不稳定，易使青刀豆受低温而导致落花。播种过晚容易受高温危害。故应把生育周期安排在气温适宜的月份，以满足花期对温度、光照的需求，华东地区春季栽培可于 4 月上中旬播种，秋季栽培以 7 月中下旬播种最适宜。矮生型品种的生育期和收获期较短，为延长收获期，在春季或秋季栽培中，可分期播种。

（2）科学施用肥水：水分是刀豆生长发育中很重要的环境条件之一。若浇水不当很容易引起花荚脱落，降低产量。据笔者长期观察所总结的浇水经验，应“浇荚不浇花”，即在大量开花时水不宜浇得过多过猛，目的是防止浇水过大引起落花，等坐住小荚后再逐渐加大浇水量。结荚盛期田间最大持水量维持在 70%~80%为宜。进入高温季节，采用小水勤浇，早晚浇水和压清水等办法降低地表温度。大雨过后应及时排水、划锄，恢复土壤通气性，使根系生理活动正常，保证枝叶和荚果同步生长。

刀豆生育周期长，边开花边结荚，故在施肥上应做到底肥足、追肥勤。基肥应以腐熟有机肥为主，同时配合施用氮、磷、钾肥。早春地温回升慢，追肥可推退至 4 叶前后进行。第一次收获后与结荚中期各追肥 1~2 次，后期如植株长势弱可追施一次肥料。

（3）合理密植：播种密度因品种和栽培季节而异，一般蔓生型品种行距 65~80 厘米，穴距 20~25 厘米，每畦栽培 2 行为宜。矮生型品种，行距 30~40 厘米，穴距 25~30 厘米。为改善光照，多采用南北畦向。蔓生性刀豆在抽蔓前后结合浇水进行搭架，架形多数为人字形花架，防止风吹倒，架头应连接加固。

2. 化学防治

用 15 毫克/升萘乙酸和 5~25 毫克/升萘氧乙酸喷施刀豆花序，每隔 7~10 天一次，可明显减少落花落荚。试验证明，用 1~5 毫克/升防落素喷青刀豆已开的花序，每隔 5~7 天喷施一次，可增产 10%~22.5%。

八、蚕豆病害

（一）蚕豆赤斑病

广泛发生于我国各蚕豆种植区，是长江流域和东南沿海地区蚕豆生产中最重要的病害之一。当气候适宜时，病害发生严重，造成植株叶片脱落，甚至早衰和枯死，导致50%~70%的产量损失。

1. 发病症状

蚕豆赤斑病主要侵害叶、茎、花和幼荚。病害的发展多从下部老叶或受冻害的主轴开始。叶片受害后，初形成赤色针尖大小的小点，逐渐形成圆形或椭圆形病斑，直径2~4毫米，中央赤褐色并稍凹陷，周缘浓褐色，微隆起，病健交界处明显。这种病斑在幼嫩叶片上较多，引起局部组织坏死，但不产生孢子，茎和叶柄受害，开始和叶片病斑相似，也是赤色小点，但后来扩展成条斑，边缘赤褐色，最后病斑表皮破裂，形成长短不等的裂缝。花受害后遍生棕褐色小点，严重时花冠变褐枯萎。荚上也呈赤褐色斑点，病菌能穿透豆荚，侵入种子内部，在种皮上产生小红斑。

图 11-14　蚕豆赤斑病

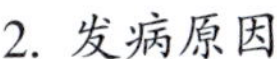

2. 发病原因

田间温度和湿度对赤斑病发生影响极大。病菌侵染适温为20℃，饱和的空气湿度或寄主组织表面有水膜是病菌孢子萌发和侵染的必要条件。蚕豆进入开花期后，植株抗病力减弱，易被侵染并发病。秋播过早，常导致冬前发病重。田间植株密度高、排水不良、土壤缺素等都有利于赤斑病发生。连作地块由于土壤中病菌积累而发病重。

3. 防治方法

（1）种植抗病品种，选用健康种子。

（2）采用高畦深沟栽培方式；适当密植；控制氮肥，增施草木灰和磷钾肥，增强植株抗病力；与禾本科作物轮作 2 年以上；田间收获后及时清除病残体，深埋或烧毁。

（3）用种子重量 0.3%的 50%多菌灵可湿性粉剂拌种，可控制早期病害。发病初期喷施 50%多菌灵可湿性粉剂 1 200~1 500 倍液或 50%速克灵可湿性粉剂 1 500~2 000 倍液等。视病情发展情况，隔 7~10 天再喷施一次药，连续防治 2~3 次。

（二）蚕豆尾孢叶斑病

该病在我国许多蚕豆种植区发生，是重要的蚕病害之一。局部地区在病害大发生时，可引起严重的经济损失。

1. 发病症状

主要为害叶片，有时也为害茎、叶柄和荚。叶片染病初生 1 毫米大小紫红褐色小点，后扩展成边缘清晰的圆形或近圆形黑褐色轮纹斑，边缘明显稍隆起，病斑直径 5~7 毫米，一片蚕豆叶上常生多个病斑，病斑融合成不规则大型斑，致病叶变成黄色，最后成黑褐色，病部穿孔或干枯脱落。湿度大或雨后及阴雨连绵的天气，病斑正、背两面均可长出灰白色薄霉层，即病原菌的分生孢子梗和分生孢子。叶柄、茎和荚染病产生梭形至长圆形、中间灰色凹陷斑，有深赤色边缘。荚上生小黑色凹陷斑。

初期，病株叶片和鞘上出现褐色至紫褐色、椭圆形或不规则形病斑，病斑沿叶轴平行伸长，大小1毫米×4毫米。后期病斑中央黄褐色或灰白色，潮湿时有灰白色霉层和大量分生孢子产生。严重时枯黄甚至死亡。

叶片染病时会在蚕豆叶子出现小赤点，扩展后花冠变褐枯萎，如遇有阴雨连绵，病斑迅速扩大或汇合致叶片变为铁灰色。

2. 发病原因

长期阴雨、重露，气温18~26℃，有利于病害的发生和发展。低洼潮湿地、种植太密，病害发生较重。

3. 防治方法

①选用无病种子，并进行种子消毒或包衣。②收获后及时清除病残体和深耕。③实行轮作。④高畦深沟栽培，雨后及时排水，降低田间湿度，合理密植。⑤发病初期喷施70%的代森锰锌800~1 000倍液或50%多菌灵1 000~1 200倍液。病情严重时，隔7~10天再喷一次。

(三) 蚕豆萎蔫病毒病

1. 发病症状

蚕豆萎蔫病毒病，叶面呈深浅绿相嵌花叶，不久萎蔫坏死或顶端坏死。有些病株不显花叶，植株矮小，叶片变黄、易落。轻病株可结少量荚，但荚上呈现褐色坏死斑。幼苗出土即可显现症状。其症状常因品种、毒源种类、环境条件或植株发育阶段不同而异，田间症状颇为复杂。有明脉、斑驳、皱缩、扭曲畸形、变小等多种；病株矮缩，开花迟缓，花少，结荚少，结出的豆荚品质差，有的可能现斑点或斑驳。

2. 发病原因

病毒粒体球形。田间主要靠蚜虫传播，农事操作时可通过接触摩擦传毒。管理条件差，干旱，蚜虫发生量大发病重。

图 11-15　蚕豆萎蔫病毒病

3. 防治方法

（1）因地制宜选用抗病良种。增施有机底肥提高植株抗病能力。蚕豆生长期加强田间管理，早期发现病株及时拔除，及时防治好蚜虫，减少田间传毒。

（2）做好土壤、种苗消毒，选用抗病品种，科学管理肥水。因地制宜选用抗病品种，增施有机底肥，提高植株抗病能力。蚕豆生长期间加强管理，早期发现的中心病株应立即拔除，并及时防治蚜虫，减少田间传毒。

（3）药剂防治：在发病初期开始喷药保护，每隔 7～10 天喷药 1 次，连续防治 2～4 次，具体视病情发展而定。药剂可选用 2%菌克毒克水剂 200～250 倍液，或 8%菌克毒克水剂 800～1 000 倍液，或 20%康润 1 号可湿性粉剂 500 倍液，或 40%病毒必克可湿性粉剂 500 倍液，进行喷雾防治。如果与叶绿壮浓缩叶面肥 3 000～4 000 倍液，或 481 水剂 4 500 倍液，或鲜菜王水剂 1 500～2 000 倍液等植物生长促进剂配合使用，则效果更佳。

九、四棱豆病害

（一）四棱豆白星病

1. 发病原因和症状

四棱豆白星病多在夏、秋露地种植时发生，主要危害叶片，病斑初期在叶片上出现紫红色放射小点，以后发展成中心白色至灰白色、边缘紫红色界限不明显的小斑，中央略陷，通常病斑大小为2~5毫米，后期在病斑表面产生少许褐色小点，即病菌的分生孢子器。条件适宜时，病斑稍大，可相互连接，有时可穿孔，终致叶片提前老化坏死。

2. 防治方法

发病初期喷洒70%甲基硫菌灵可湿性粉剂600倍液或50%异菌脲可湿性粉剂1 000倍液、80%代森锰锌可湿性微粒粉剂800倍液、70%甲基硫菌灵可湿性粉剂1 000倍液+75%百菌清可湿性粉剂1 000倍液，每隔7~10天喷施一次，连防2~3次。

（二）四棱豆荚果腐烂病

1. 发病症状

荚果腐烂病又称赤霉病，主要侵害幼嫩荚果。被害荚果初期出现水渍状湿腐小斑，后扩大为近圆形至不定形褐斑，有的病斑沿荚果翼瓣扩展为褐色条斑，潮湿时斑面出现黄色至略带粉红的霉状物，即为本病病症，为病菌分生孢子。被害荚果终致枯萎，不能食用。

2. 发病原因

四棱豆果腐病在高温、高湿天气条件下容易发生，连作地、低洼地、黏土地条件下发病重。病原菌以菌丝体或菌核在土壤中及病残体上越冬，分生孢子借雨水或灌溉水传播蔓延，进行再侵染。

图 11-16　四棱豆荚果腐烂病

3. 防治方法

四棱豆植株高大，要注意栽植密度，必要时要疏枝，使之通风透光。注意防治小灰蝶等蛀果害虫（初荚期喷施 2.5%氟氯氰菊酯乳油 3 000~4 000 倍液 1~2 次）。及早喷药，保护幼荚，可选用 75%百菌清+75%硫菌灵可湿性粉剂 1 000~1 500 倍液，或 30%氧氯化铜悬浮剂+70%代森锰锌可湿性粉剂（1∶1）800~1 000 倍液、30%氧氯化铜悬浮剂+10%多抗霉素可湿性粉剂（1∶1）800~1 000 倍液，每隔 10 天左右喷施一次，交替喷施 2~3 次。

（三）四棱豆假尾孢叶斑病

1. 发病症状

主要危害叶片。叶片病斑初为褪绿小斑，后转为黄褐色至灰褐色，边缘色较深，中部色较淡，病健部位分界明显，有的病斑外围具有黄晕。病斑大小不等，小的直径为 2~3 毫米，大的直径达 10~18 毫米，数个病斑可互相融合为更大的斑块。斑面病症不甚明显，如果存在则呈暗灰色薄霉层（病菌分生孢子梗和分生孢子）。

图 11-17　四棱豆假尾孢叶斑病

2. 发病原因

病原菌以菌丝体或分生孢子在病株或种子上越冬，成为翌年初侵染源。带病种子长出幼苗，即成病苗，其子叶生出分生孢子，借风雨传播蔓延进行再侵染。在高湿、多雨天气条件下发病重。此外，重茬地发病也重。

3. 防治方法

于植株上架起至发病之初，可喷施 75%百菌清可湿性粉剂+70%硫菌灵可湿性粉剂（1∶1）1 000~1 500 倍液或 30%氧氯化铜悬浮剂+70%代森锰锌可湿性粉剂（1∶1）1 000 倍液，每隔 7~15 天喷施一次，共喷 2~3 次，前密后疏，交替使用。

第二节　豆类蔬菜的虫害防治

一、豆类根结线虫病

1. 为害症状

本病由根结线虫侵染引起，主要种有花生根结线虫、南方根结线虫、北方根结线虫、爪哇根结线虫等，我国华南、华东

及华北均有发生。其中南方根结线虫寄主范围广，几乎包括各种作物，豆科作物中较常见的有绿豆、菜豆、红豆、赤小豆、扁豆、大豆等。

田间识别本病主要为害地下根部。地上部病株叶片褪绿黄化、矮小瘦弱，与其他根部病害及缺氮引起的地上部症状相似。根部肿大形成大小不等的瘤状根结，根结上部形成短支根及许多密集的须根。后期根常腐烂。

图 11-18　豆类根结线虫病

2. 发生规律

根结线虫病以土中的卵囊团、病残根结为主要的初侵染源。线虫在田间蔓延主要借农事操作和水流传播。土中线虫 95%在表层 20 厘米内的土壤中。根结线虫好气性，一般地势高燥，土质结构疏松的砂质土壤，适于线虫活动，病害发生较普遍和严重。土质黏重、潮湿，结构板结，不利根结线虫活动，发病轻。

3. 防治方法

发病严重地块，如有条件时，进行 1 年的水旱轮作，可收到良好效果。化学防治杀线虫剂有 3%米乐尔颗粒剂，每亩用量 3~5 千克，结合整地撒施与土面混合，或沟施，一般药效保持 2 年以上。

二、豌豆潜叶蝇

豌豆潜叶蝇又叫夹叶虫、叶蛆、拱叶虫等，除西藏自治区外，我国其余各地均有分布。主要为害豌豆、蚕豆等豆类作物。

1. 为害症状

幼虫在叶片组织中潜食叶肉，形成弯弯曲曲的蜕化道。严重时，可使叶片枯萎，影响豆类果荚饱满，降低产量。成虫为小型的蛆子，长约 2 毫米，头部黄色，复眼红褐色，触角和足黑色，胸腹部灰褐色，上有许多细长毛。翅透明，有彩虹光泽。雌虫腹大，末端有漆黑色产卵器。幼虫蛆状，长约 3 毫米，长圆筒形，低龄体乳白色，后变为黄白色。身体柔软透明，体表光滑。

图 11-19　豌豆潜叶蝇

2. 发生规律

豌豆潜叶蝇在辽宁 1 年发生 4~5 代，在华北 1 年发生 5 代，在福建 1 年发生 13~15 代，在广东 1 年发生 18 代。主要以蛹越冬，各地均从早春起，虫口数量逐渐上升，到春末夏初达到为害猖獗时期，主要为害豌豆、蚕豆。成虫白天活动，吸食花蜜，对甜汁有较强的趋性。卵散产。幼虫孵化后即潜食叶肉，出现曲折的隧道。

3. 防治方法

及时清除菜田内、田边杂草和带虫的蔬菜老叶，以减少下代及越冬代的虫源基数。诱杀成虫，在越冬成虫羽化盛期，用诱杀剂点喷植株，每10平方米点喷10~20株。诱杀剂用甘薯和胡萝卜煮液为诱饵，加0.05%敌百虫为毒剂制成。每隔3~5天点喷1次，共喷5~6次。掌握成虫盛发期，及时防治成虫，或始见幼虫潜蛀的隧道时为第一次用药适期，每隔7~10天喷1次，共喷2~3次。

三、豆荚螟

荚螟俗名豆蛀虫、红虫、红瓣虫。国内广泛分布，以华东、华中、华南受害最重。主要为害大豆、菜豆、扁豆、豇豆、豌豆等豆类的豆荚和种子。

1. 为害症状

以幼虫蛀荚为害。幼虫孵化后在豆荚上结一白色薄丝茧，从茧下蛀入荚内取食豆粒，造成瘪荚、空荚，降低产量和影响种子的质量。成虫体长10~12毫米，翅展20~24毫米，体灰褐色或暗黄褐色。前翅狭长，沿曲缘有一条白色纵带，近翅基1/3处有一条金黄色宽横带。后翅黄向色，沿外缘褐色。幼虫共5龄，老熟幼虫体长14~18毫米，初孵幼虫为淡黄色，以后为灰绿直至紫红色。4~5龄幼虫在背板前缘中央有“八”字形黑斑，另有4块黑斑。老熟幼虫背线、亚背线、气门线及气门下线均明显。

图 11-20　豆荚螟

2. 发生规律

从北到南一年发生 2~8 代。各地主要以老熟幼虫在寄主植物附近土表下 5~6 厘米处结茧越冬。在长江流域及河南等省 4~5 代区，越冬代幼虫在 4 月上中旬化蛹，4 月下旬到 5 月中旬陆续羽化出土。越冬代成虫在豌豆、绿豆或冬季豆科绿肥作物上产卵发育为害。成虫昼伏夜出，趋光性弱。大豆结荚前卵多产于幼嫩的叶柄、花柄、嫩芽或嫩叶背面，结荚后多产在豆荚上，有毛品种的豆荚上产卵尤多。幼虫孵化后为害叶柄、嫩茎、蛀入荚内取食豆粒，食尽后转荚为害。转荚为害时，入孔处有丝囊，但离荚孔无丝囊，末龄幼虫离荚入土作茧化蛹，茧外粘有土粒。

3. 防治方法

避免与豆科作物连作或邻作，或水旱轮作，及时翻耕整地或除草松土，有条件地区可冬春灌水，及时收割大豆，减少越冬虫源。选择早熟丰产、结荚期短、少毛或无毛品种。于发蛾盛期和卵孵盛期及时喷药防治，用 2.5%溴氰菊酯乳油 2 500~3 000 倍液，或 20%杀灭菊酯乳油 3 000~4 000 倍液喷雾。

四、豆野螟

豆野螟又称豆荚野螟、大豆卷叶螟，俗称大豆钻心虫。全国各地均有发生，是豆科蔬菜的主要害虫。主要为害豇豆、菜豆、扁豆、四季豆、豌豆、蚕豆、大豆（毛豆）等。

图 11-21 豆野螟

1. 为害症状

幼虫蛀食花蕾，造成落花落蕾，蛀食幼荚，造成落荚，蛀食后期豆荚，造成蛀孔，并有绿色粪便，严重影响品质和产量。此外，幼虫还为害叶片和嫩茎，为害叶片时，吐丝缀卷几张叶片，在内蚕食叶肉，只留下叶脉。成虫体长约 13 毫米，体暗黄褐色，前翅黄褐色，有一大两小白色透明斑点，后翅外缘暗褐色宽带，其余为白色，半透明，有若干波纹斑。老熟幼虫体长 12～18 毫米，体黄绿色，腹部各节背面有 4 个黑色大毛片，排成方形。

2. 发生规律

在华北地区 1 年发生 3～4 代，华中地区 1 年发生 4～5 代，在广西壮族自治区（以下简称广西）、福建 1 年发生 6～7 代，在广州 1 年发生 9 代。以老熟幼虫或蛹在土表或浅土层内越冬，在广州无明显越冬现象。成虫昼伏夜出，有趋光性。卵散产在嫩荚、花蕾、叶柄上。初孵幼虫蛀入嫩荚，或蛀入花蕾取食，3龄后的幼虫大多蛀入果荚内取食豆粒。幼虫老熟后常在叶背主脉两侧吐丝结茧化蛹。豆野螟喜高温高湿，7~8月多雨，土壤湿度大时，成虫羽化和出土顺利，则大发生。

3. 防治方法

与非豆科作物轮作1~2年；及时清除田间落花、落荚，摘除被害卷叶和果荚，消灭幼虫。利用黑光灯诱杀成虫；用Bt乳剂500倍液喷雾；或在盛花期或卵孵盛期，用溴氰菊酯或杀灭菊酯对水喷雾。

五、小地老虎

1. 为害特征

小地老虎3龄前的幼虫大多在植株的心叶里，也有的藏在土表、土缝中，昼夜取食植株嫩叶。4~6龄幼虫白天潜伏浅土中，夜间出外活动为害，尤其在天刚亮多露水时为害最重，常将幼苗近地面的茎部咬断，造成缺苗断垄。

图11-22　小地老虎

2. 发生规律

小地老虎在全国各地每年发生 2~7 代。长江两岸为 4~5 代，长江以南 6~7 代。南岭以南可终年繁殖。成虫白天隐蔽，夜间活动。对光及糖、醋、酒等物质趋性较强。幼虫共 6 龄，3 龄在叶背或心叶里昼夜取食而不入土，因食量小为害不大。3 龄以后，白天潜伏在 2~3 厘米的表土中，夜间活动，并大量迁入农田垄间，咬断幼苗，并将断苗拖入穴中。老熟幼虫有假死习性，受惊后缩成环形。小地老虎喜温暖、潮湿的环境，月平均气温在 13.2~24.8℃，多雨湿润的地区发生量大。若田间管理粗放、杂草多，定植期与 3 龄以上幼虫发生期吻合，受害重。

3. 防治方法

早春铲除地头、田间杂草，春耕多耙，秋季翻耕暴晒，秋耕冬灌，可消灭部分卵或幼虫蛹，减少基数。利用糖蜜诱杀器（盆）或黑光灯诱杀成虫，或利用较老的泡桐树叶用水浸湿，每亩放置 70~80 片，次日晨人工捕捉幼虫。药剂防治用 2.5%敌百虫粉喷粉，每亩 1.5~2 千克，或 90%敌百虫 800~1 000 倍液喷雾，可防治 3 龄以前幼虫。用 2.5%敌百虫粉喷粉每亩 1.5~2 千克拌细土 10 千克撒在心叶里，或加少量水与压碎炒香的豆饼或麦麸 50 千克，傍晚施于豆苗周围诱杀。虫龄较大时，每亩可用 80%敌敌畏乳油，或 50%辛硫磷乳油，或 5%二嗪磷 200~250 克加水 400~500 千克灌根。清晨拨开断苗附近表土，捕捉幼虫。

七、蚜虫

蚜虫是一种主要危害豇豆的常见害虫，它吸食豇豆的汁液，严重的可以导致植株的整体死亡。另外，豌豆、蚕豆等豆类也会受到芽虫的危害。蚜虫的抗药性不强，如果及时防治，就可以取得很好的治疗效果。

图 11-23 蚜虫

1. 为害特征与发生规律

北方地区的蚜虫一般以卵越冬，多发于条件适宜的 5~6 月份和 10~11 月份。这种害虫体表呈黑色，经常大量聚集在植株的嫩茎、叶、花和豆荚上吸食汁液，病株会出现生长缓慢、叶片卷曲变黄、云荚细小、品质下降等症状严重时会导致豆类蔬菜的大量减产。

南方地区的蚜虫没有越冬现象，在适宜的外界环境条件下，一般每 4~6 天就可以繁殖一代，所以在其繁殖盛期数量增长速度很快。

2. 防治方法

（1）减少虫源。收获后及时彻底整地，拔除田地里的带病植株，不留一点病株的残枝败叶。大棚种植也可以在高处悬挂黄粘板，在黄色板上涂上机油来诱杀成虫，或者铺设、悬挂银灰色的地膜来驱避虫害。

（2）药剂防治。蚜虫病害的防治重点也是及早预防，并做好初期的治疗。苗期发现病害后要在插架之前打药，以后发现后要及时打药。药物一般要选择兼具内吸、触杀、熏蒸特点的安全农药，并且要注意合理间隔用药。习惯上用的2.5%溴氰菊酯乳油2 000~3 000倍液，间隔3~5天，最多连续使用2~3次；22%敌敌畏烟剂每亩400克，间隔5天，最多连续使用5次；或5%来福灵乳油3 000~4 000倍液，间隔3天，最多连续使用2次；80%敌敌畏乳油800~1 000倍液，间隔5天，最多连续使用5次；10%吡虫啉可湿性粉剂2 000~3 000倍液，间隔7天，最多连续使用2次；4%灭蚜粉尘每亩1千克，间隔5天，最多连续使用5次。当害虫发生频率较大时，一般采用交替用药的方式，避重复多次使用同一种药物。

八、豆毒蛾

豆毒蛾又称为肾毒蛾，是一种各地均有发生的主要危害豆类蔬菜的鳞翅目毒蛾科害虫。

1. 为害特征

豆毒蛾会吃掉豆类的叶片，影响植株的生长发育。

成虫豆毒蛾的触角是褐黄色的，栉齿褐色；头、胸、下唇须和足都是深黄褐色的，后翅呈淡黄色，腹部褐黄色。雌性成虫展翅后长45~50毫米，雄性成虫展翅后长34~40毫米。

幼虫幼虫的头部是黑褐色的，具有光泽，头部着生有褐色的次生刚毛。虫体呈黑褐色，前胸背板长有黑色的毛，前胸背面两侧各长着一个黑色的大瘤，大瘤上长着长毛束，毛束前伸。第1~4腹节背面有暗黄褐色短毛刷。幼虫体长约40毫米。

2. 发生规律

在长江流域这种害虫一般每年发害3代。害虫越冬后开始侵染秧苗，然后成熟的害虫用丝和体右作茧，每年6月份就又出现一代成虫。成虫一般都将虫卵产在叶片上，幼虫一般集中蚕食叶肉，大后分散采食。

室内条件下该虫一年发生2~3代，以幼虫越冬。室温在24℃时，完成一世代需要67.42天。其中卵期6天，幼虫期47.5天，预蛹期为1天，蛹期为9.25天和成虫（产卵前期）3.67天。雌雄成虫性比为1∶1.29。室内卵平均孵化率为89.5%。越冬幼虫过冷却点-5.25~-6.78℃，结冰温度为-3.57~-4.65℃。

3. 防治方法

秋冬季节，清除田间枯枝落叶，减少越冬幼虫数量。掌握在各代幼虫分散为害之前，及时摘除群集为害虫叶，杀灭低龄幼虫。设置黑光灯或高压汞灯诱杀成虫。

化学防治。可喷洒下列药剂：25%灭幼脲悬浮剂2 000倍液；2%阿维菌素乳油3 000倍液；2.5%溴氰菊酯乳油3 000倍液；50%辛硫磷乳油1 000~1 500倍液等药剂进行防治。

九、美洲斑潜蝇

美洲斑潜蝇又称蔬菜斑潜蝇、美洲斑甜瓜潜蝇、苜蓿斑潜蝇。世界上最危险的一类检疫性害虫。

图11-24　美洲斑潜蝇为害症状

1. 为害特征

美洲斑潜蝇主要以幼虫潜食寄主叶肉，潜道最初呈“针尖状”，虫道终端明显变宽，隧道两侧边缘具有交替平行排列的黑色粪便，后形成蛇形或不规则的白色潜道，俗称“鬼画符”。为害严重时，叶片组织几乎全部受害，叶片上布满潜道，甚至枯萎死亡。成虫产卵也造成伤斑。虫体的活动还传播多种病毒病。成虫体长 1.3~2.3 毫米，翅展 1.3~2.3 毫米。体淡灰色，胸部的前盾片和盾片亮黑色，小盾片鲜黄色。翅 1 对，后翅退化为平衡棍。雌虫较雄虫体稍大。老熟幼虫体长约 3.0 毫米，无头蛆状。初孵幼虫无色，到 2 龄和 3 龄变成鲜黄色和浅橙黄色。腹部末端有一对圆锥形的后气门，在气门顶端有 3 个球状突起的后气门孔。

2. 发生规律

一年发生的代数随地区而不同，在广东一年发生 5~15 代，完成一代需要 15~30 天。可周年繁殖，世代重登明显，种群发生高峰期和衰退期极为明显。以春季和秋季为害较重。成虫大部分在上午羽化，雄虫比雌虫羽化早。成虫羽化 24 小时后即可交配产卵。成虫白天活动，可吸食花蜜。雌虫刺伤寄主植物叶，作为取食和产卵的场所。取食造成的叶片伤孔中，约 15%含有活卵。雌虫产卵呈纵向，稍微深入于叶片表皮下，或于裂缝内，有时也产于叶柄内。幼虫孵化后即潜食叶肉，出现曲折的隧道。末龄幼虫在化蛹前将叶片蛀成窟窿，致使叶片大量脱落。30℃以上未成熟幼虫死亡率迅速上升。幼虫共 3 龄，幼虫成熟后在破叶片表皮外或土壤表层化蛹。主要靠卵和幼虫随寄主植物叶片、果实，以及蛹随盆栽植物的土壤、交通工具等进行远距离传播。

3. 防治方法

美洲斑潜蝇抗药性发展迅速，具有抗性水平高的特点。在非疫区，要严格检疫把关。在发生严重区，要结合蔬菜布局，适当稀植，增加田间通透性，及时清洁田园，将被害作物残体集中处理。采用诱蝇纸诱杀成虫。在受害豆类叶片上有 5 头幼虫，且虫道很小时，用 1.8%受福丁乳油 3 000~4 000 倍液喷雾。此外，还可用 5%锐劲特悬浮剂，每亩用量 50~100 毫升的 5%抑太保乳油 2 000 倍液、5%卡死克乳油 2 000 倍液。

十、朱砂叶螨

为害豆类蔬菜的螨类很多，有截形叶螨、二斑叶螨、侧多食跗线螨。此处以朱砂叶螨为例。朱砂叶螨在我国各地均有分布，主要为害茄果类、瓜类、豆类等多种蔬菜。

1. 为害特征

成螨、若螨在叶背面吸收植物汁液，并吐丝结网，受害处出现灰白小点，或全部褪绿。老叶先受害，逐渐向上蔓延，最后在植株顶端吐丝结团。严重时叶片呈锈褐色、枯焦、脱落、植株早衰。雌成螨体长约 0.5 毫米，椭圆形，红褐色，体两侧各有 1 块黑斑。足 4 对。雄螨体长约 0.4 毫米，菱形，红色或淡红色。幼螨体长约 0.15 毫米，近圆形，透明，3 对足。若螨体长约 0.2 毫米，体色较深，有明显块状色斑，4 对足。

2. 发生规律

1 年发生 12~15 代，以雌成螨在植株枯叶、枯秆、杂草根部，贴土缝里、树裂缝内越冬，第二年春从越冬场生，随繁殖量增加，逐渐扩散到全田。在北方以 7~9 月发生严重。

3. 防治方法

晚秋及早春及时清除田间杂草和枯老落叶，消灭一部分虫源。天气干旱时及时灌水，增加菜田湿度，可抑制螨类繁殖。药剂防治可用73%克螨特2 500倍液，或复方浏阳霉素1 000倍液，或5%卡死克，或20%灭扫利，或5%尼索朗，或2. 5%溴氰菊酯2 000~3 000倍液，或20%双甲脒1 000倍液喷雾。

参考文献

［1］王英磊，刘伟，孙振军．豆类蔬菜高效栽培技术．北京：中国农业出版社，2017.

［2］陈新．豆类蔬菜生产配套技术手册．北京：中国农业科学技术出版社，2012.

［3］车艳芳．瓜类豆类蔬菜生产技术．石家庄：河北科学技术出版社，2014.

［4］烟台农业技术推广中心．豆类蔬菜绿色生产技术指南．北京：化学工业出版社，2022.

［5］陈燕羽．豇豆高效栽培与病虫害绿色防控．北京：中国农业出版社，2022.